数字化人才职场赋能系列丛书

Java
修炼指南
高频源码解析

开课吧◎组编

曹子方 杨富杰 刘常凯 肖爱良 胡 斌 刘小东◎编著

机械工业出版社
CHINA MACHINE PRESS

本书通过图文结合的讲解方式帮助读者理解 JDK 源码，完成多线程并发编程从入门到实践的飞跃，全书分为 7 章：第 1 章主要讲解 Java 基础类的源码实现；第 2 章主要剖析了常用集合类的原理源码；第 3 章讲解了常用原子类 AtomicLong 和 LongAdder 的用法和原理；第 4 章主要剖析了 JUC 独占锁 ReentrantLock 的原理源码，ReentrantLock 是学习其他并发类的基础；第 5 章剖析了两种常用并发容器 List 和 Map 的实现原理，重点讲解了 ConcurrentHashMap 的实现；第 6 章讲解了阻塞队列的实现，着重讲解其代表类 ArrayBlockingQueue 和 LinkedBlockingQueue 的原理源码；第 7 章剖析了线程池的原理源码，本书每章均配有重要知识点串讲视频。

本书适合 Java 研发工程师、对 JDK 源码或 Java 并发编程感兴趣以及希望探索 JUC 包原理源码人员阅读。

图书在版编目（CIP）数据

Java 修炼指南. 高频源码解析／曹子方等编著. —北京：机械工业出版社，2020.8

（数字化人才职场赋能系列丛书）

ISBN 978-7-111-66015-6

Ⅰ. ①J⋯　Ⅱ. ①曹⋯　Ⅲ. ①JAVA 语言-程序设计　Ⅳ. ①TP312.8

中国版本图书馆 CIP 数据核字（2020）第 118299 号

机械工业出版社（北京市百万庄大街 22 号　邮政编码 100037）
策划编辑：尚　晨　责任编辑：尚　晨
责任校对：张艳霞　责任印制：张　博
三河市国英印务有限公司印刷

2020 年 8 月第 1 版·第 1 次印刷
184mm×260mm·17.75 印张·435 千字
标准书号：ISBN 978-7-111-66015-6
定价：79.90 元

电话服务　　　　　　　　　网络服务
客服电话：010-88361066　　机　工　官　网：www.cmpbook.com
　　　　　010-88379833　　机　工　官　博：weibo.com/cmp1952
　　　　　010-68326294　　金　书　网：www.golden-book.com
封底无防伪标均为盗版　　机工教育服务网：www.cmpedu.com

致数字化人才的一封信

如今，在全球范围内，数字化经济的爆发式增长带来了数字化人才需求量的急速上升。当前沿技术改变了商业逻辑时，企业与个人要想在新时代中保持竞争力，进行数字化转型不再是选择题，而是一道生存题。当然，数字化转型需要的不仅仅是技术人才，还需要能将设计思维、业务场景和 ICT 专业能力相结合的复合型人才，以及在垂直领域深度应用最新数字化技术的跨界人才。只有让全体人员在数字化技能上与时俱进，企业的数字化转型才能后继有力。

2020 年对所有人来说注定是不平凡的一年，突如其来的新冠肺炎疫情席卷全球，对行业发展带来了极大冲击，在各方面异常艰难的形势下，AI、5G、大数据、物联网等前沿数字技术却为各行各业带来了颠覆性的变革。而企业的数字化变革不仅仅是对新技术的广泛应用，对企业未来的人才建设也提出了全新的挑战和要求，人才将成为组织数字化转型的决定性要素。与此同时，我们也可喜地看到，每一个身处时代变革中的人，都在加快步伐投入这场数字化转型升级的大潮，主动寻求更便捷的学习方式，努力更新知识结构，积极实现自我价值。

以开课吧为例，疫情期间学员的月均增长幅度达到 300%，累计付费学员已超过 400万。急速的学员增长一方面得益于国家对数字化人才发展的重视与政策扶持，另一方面源于疫情为在线教育发展按下的"加速键"。开课吧一直专注于前沿技术领域的人才培训，坚持课程内容"从产业中来到产业中去"，完全贴近行业实际发展，力求带动与反哺行业的原则与决心，也让自身抓住了这个时代机遇。

我们始终认为，教育是一种有温度的传递与唤醒，让每个人都能获得更好的职业成长的初心从未改变。这些年来，开课吧一直以最大限度地发挥教育资源的使用效率与规模效益为原则，在前沿技术培训领域持续深耕，并针对企业数字化转型中的不同需求细化了人才培养方案，即数字化领军人物培养解决方案、数字化专业人才培养解决方案、数字化应用人才培养方案。开课吧致力于在这个过程中积极为企业赋能，培养更多的数字化人才，并帮助更多人实现持续的职业提升、专业进阶。

希望阅读这封信的你，充分利用在线教育的优势，坚持对前沿知识的不断探索，紧跟数字化步伐，将终身学习贯穿于生活中的每一天。在人生的赛道上，我们有时会走弯路、会跌倒、会疲惫，但是只要还在路上，人生的代码就由我们自己来编写，只要在奔跑，就会一直矗立于浪尖！

希望追梦的你，能够在数字化时代的澎湃节奏中"乘风破浪"，我们每个平凡人的努力学习与奋斗，也将凝聚成国家发展的磅礴力量！

慧科集团创始人、董事长兼开课吧 CEO　方业昌随着信息时代的到来，数字化经济革命的浪潮正在大刀阔斧地改变着人类的工作方式和生活方式。在数字化经济时代，从抓数字化管理人才、知识管理人才和复合型管理人才教育入手，加快培养知识经济人才队伍，为企业发展和提高企业核心竞争能力提供强有力的人才保障。目前，数字化经济在全球经济增长中扮演着越来越重要的角色，以互联网、云计算、大数据、物联网、人工智能为代表的数字技术近几年发展迅猛，数字技术与传统产业的深度融合释放出巨大能量，成为引领经济发展的强劲动力。

本书通俗易懂，只要读者有一定的 Java 基础就可以轻松阅读。本书从最基本的 JDK 常用类讲起，通过图文结合的方式，辅以案例分析了常用类的使用方法和注意事项。这些基础部分的介绍，也是理解和学习后面并发编程的基础。本书对并发编程中常用的原子类、阻塞队列、JUC 锁、线程池等并发组件的原理和源码进行了剖析，这些组件在工作和求职中遇到的概率很高，不仅需要了解底层原理，而且还要知道如何应用，希望本书可以帮助读者避开业务开发和面试中常见的一些"坑"。

如果读者想学习数据结构和算法，也可以阅读本书，因为第 2 章集合类就是典型的数据结构和算法。如果读者想使用并发包，则可以查阅本书结合源码与实例讲解的并发包常用类这部分内容。

当读者研究源码不知如何下手或者感觉吃力时，也可以从本书找到答案。因为 Java 基础类和并发类的一些思想现在被人们普遍运用于各种开源实现中，也是理解和学习 Java 高级应用的基础。

本书每章都配有专属二维码，读者扫描后即可观看作者对于本章重要知识点的讲解视频。扫描下方的开课吧公众号二维码将获得与本书主题对应的课程观看资格及学习资料，同时可以参与其他活动，获得更多的学习课程。此外，本书配有源代码资源文件，读者可登录 https://github.com/kaikeba 免费下载使用。

限于时间和作者水平，书中难免有不足之处，恳请读者批评指正。

编 者

目录

第 *1* 章

Java 必须掌握的基础类

Java 是一套语言规范，规定了如何定义变量、如何写控制语句等，提供了基本的语法规范。JDK 是 Java 自带的一套调用组件，是对基本 Java 语法规范的进一步封装，JDK 中都是使用 Java 基本的语法来写的，使用 JDK 能够更好地开发 Java。当然，读者也可以写一套 JDK。在项目中也可以不使用自带的 JDK，而使用原生的基本语法。本章对 JDK1.8 版本的相关类从源码层次进行介绍。

1.1　JDK 中所有类的基类——Object 类

首先介绍 JDK 中所有类的基类——java. lang. Object。

Object 类是 Java 中所有类的父类，所有类默认继承 Object。这也就意味着，Object 类中的所有公有方法也将被任何类所继承。如果把整个 Java 类体系看成一棵树，那么 Object 类毫无疑问就是整棵树的根。

Object 类属于 java. lang 包，此包下的所有类在使用时无须手动导入，系统会在程序编译期间自动导入。Object 类是所有类的基类，当一个类没有直接继承某个类时，则默认继承 Object 类，也就是说任何类都直接或间接继承此类，Object 类中能访问的方法在所有类中都可以调用，下面就来分别介绍 Object 类中的所有方法。

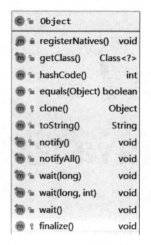

●图 1-1　Object 类的结构图

首先看一下 Object 类的结构，如图 1-1 所示。

1.1.1　为什么 java. lang 包下的类不需要手动导入

在使用诸如 Date 类时，需要手动导入 import java. util. Date，再比如使用 File 类时，也需要手动导入 import java. io. File。但是在使用 Object 类、String 类和 Integer 类等时不需要手动导入，而能直接使用，这是为什么呢？

这里先告诉读者一个结论：使用 java. lang 包下的所有类，都不需要手动导入。

另外介绍一下 Java 中的两种导包形式：

1）单类型导入（single-type-import），例如 import java. util. Date。

2）按需类型导入（type-import-on-demand），例如 import java. util. ＊。

单类型导入比较好理解，编程所使用的各种工具默认都是按照单类型导入的，需要什么类便导入什么类，这种方式是导入指定的 public 类或者接口；

按需类型导入，比如 import java. util. ＊，可能看到后面的 ＊，程序员会以为是导入 java. util 包下的所有类，其实并不是这样，Java 会根据名字知道是按照需求导入，并不是导入整个包下的所有类。

Java 编译器会从启动目录（bootstrap）、扩展目录（extension）和用户类路径去定位需要导入的类，而这些目录仅给出了类的顶层目录，编译器的类文件定位方法大致可以理解为如下公式：

顶层路径名 \ 包名 \ 文件名.class = 绝对路径

单类型导入可以导入包名和文件名，所以编译器可以一次性查找定位到所要的类文件。按需类型导入则比较复杂，编译器会把包名和文件名进行排列组合，然后对所有的可能性进行类文件查找定位。例如：

```
package com;
import java.io.*;
import java.util.*;
```

如果文件中使用到了 File 类，那么编译器会根据如下几个步骤来查找 File 类：

```
File        //File类属于无名包,File 类没有 package 语句,编译器会首先搜索无名包①
com.File         //File 类属于当前包,即当前编译类的包路径②
java.lang.File //由于编译器会自动导入 java.lang 包,所以也会从该包中查找③
java.io.File
java.util.File
   ……
```

需要注意，编译器找到 java.io.File 类之后并不会停止下一步的寻找，而要把所有的可能性都查找完以确定是否有类导入冲突。假设此时的顶层路径有 3 个，那么编译器就会进行 3 * 5 = 15 次查找。

如果在查找完成后，编译器发现了两个同名的类，那么就会报错。要先删除用户不用的那个类，然后再编译。

所以可以得出这样的结论：按需类型导入是绝对不会降低 Java 代码的执行效率的，但会影响到 Java 代码的编译速度。所以在编码时最好是使用单类型导入，这样不仅能提高编译速度，也能避免命名冲突。

了解 Java 的两种导包类型后，再回到为什么可以直接使用 Object 类。上面代码中查找类文件的第③步，编译器会自动导入 java.lang 包，那么就可以直接使用了。至于原因，因为用得多，提前加载了该包文件，且节省了资源。

1.1.2 类构造器

类构造器是创建 Java 对象的途径之一，通过 new 关键字调用构造器不仅可以完成对象的实例化，还能通过构造器对对象进行相应的初始化。一个类必须要有一个构造器，如果没有显示声明，那么系统会默认创造一个无参构造器，在 JDK 的 Object 类源码中，是看不到构造器的，系统会自动添加一个无参构造器。可以通过如下方式实现：

```
Object obj = new Object();        //构造一个 Object 类的对象
```

1.1.3 equals 方法

很多面试题都会问 equals 方法和 == 运算符的区别，== 运算符用于比较基本类型的值是否相同，或者比较两个对象的引用是否相等，而 equals 用于比较两个对象是否相等，这样说可能比较宽泛，两个对象如何才是相等的呢？这个标尺该如何界定？

首先来看 Object 类中的 equals 方法：

```
public boolean equals(Object obj) {
    sreturn (this == obj);
}
```

可以看到，在 Object 类中，== 运算符和 equals 方法是等价的，都是比较两个对象的引用是否相等，从另一方面来讲，如果两个对象的引用相等，那么这两个对象一定是相等的。对于自定义的一个对象，如果不重写 equals 方法，那么在比较对象的时候就会调用 Object 类的 equals 方法，也就是用 == 运算符比较两个对象。接着来看 String 类中的重写的 equals 方法：

```
public boolean equals(Object anObject) {
    if (this ==anObject) {
        return true;
    }
    if (anObject instanceof String) {
        StringanotherString = (String)anObject;
        int n = value.length;
        if (n ==anotherString.value.length) {
            char v1[] = value;
            char v2[] =anotherString.value;
            int i = 0;
            while (n-- != 0) {
                if (v1[i] != v2[i])
                    return false;
                i++;
            }
            return true;
        }
    }
    return false;
}
```

String 是引用类型，比较时不能比较引用是否相等，而是比较字符串的内容是否相等。所以 String 类定义两个对象相等的标准是字符串内容都相同。

在 Java 规范中，对 equals 方法的使用必须遵循以下几个原则：

1）自反性。对于任何非空引用值 x，x.equals(x) 都应返回 true。

2）对称性。对于任何非空引用值 x 和 y，当且仅当 y.equals(x) 返回 true 时，x.equals(y) 才应返回 true。

3）传递性。对于任何非空引用值 x、y 和 z，如果 x.equals(y) 返回 true，并且 y.equals(z) 返回 true，那么 x.equals(z) 应返回 true。

4) 一致性。对于任何非空引用值 x 和 y，多次调用 x. equals(y)始终返回 true 或始终返回 false，前提是对象上 equals 比较中所用的信息没有被修改。

对于任何非空引用值 x，x. equals(null)都应返回 false。

下面自定义一个 Person 类，然后重写其 equals 方法，比较两个 Person 对象，代码如下所示。

```java
package com.kkb.tz.bean;
public class Person {
        private Stringpname;
        private int page;

        public Person() {
        }
        public Person(Stringpname, int page) {
                this.pname = pname;
                this.page = page;
        }

        public intgetPage() {
                return page;
        }

        public voidsetPage(int page) {
                this.page = page;
        }

        public StringgetPname() {
                return pname;
        }

        public voidsetPname(String pname) {
                this.pname = pname;
        }

        @Override
        public boolean equals(Object obj) {
                if (this == obj) {//引用相等则两个对象相等
                        return true;
                }
                if (obj == null || !(obj instanceof Person)) {//对象为空或者
不是 Person 类的实例
                        return false;
                }
```

```
                        Person otherPerson = (Person) obj;
                         if (otherPerson.getPname().equals(this.getPname()) &&
otherPerson.getPage() == this.getPage()) {
                                return true;
                        }
                        return false;
                }
                public static void main(String[] args) {
                        Person p1 = new Person("Tom", 21);
                        Person p2 = new Person("Marry", 20);
                        System.out.println(p1 == p2);//false
                        System.out.println(p1.equals(p2));//false
                        Person p3 = new Person("Tom", 21);
                        System.out.println(p1.equals(p3));//true
                }
        }
```

通过重写 equals 方法，自定义两个对象相等的标尺为 Person 对象的两个属性都相等，否则两个对象不相等。如果不重写 equals 方法，那么始终是调用 Object 类的 equals 方法，也就是用 == 比较两个对象在栈内存中的引用地址是否相等。

通过 Person 类的子类 Man，也可以重写 equals 方法，代码如下所示。

```
package com.kkb.tz.bean;
public class Man extends Person {
        private String sex;
        public Man(Stringpname, int page, String sex) {
                super(pname, page);
                this.sex = sex;
        }
@Override
        public boolean equals(Object obj) {
                if (!super.equals(obj)) {
                        return false;
                }
                if (obj == null || !(obj instanceof Man)) {//对象为空或者不
是 Person 类的实例
                        return false;
                }
                Man man = (Man) obj;
                return sex.equals(man.sex);
        }

        public static void main(String[] args) {
```

```
                Person p = new Person("Tom", 22);
                Man m = new Man("Tom", 22, "男");
                System.out.println("p.equals(m):"+p.equals(m));//true
                System.out.println("m.equals(p):"+m.equals(p));//false
        }
}
```

通过打印结果可以发现 person. equals(Man)得到的结果是 true, 而 Man. equals(person)得到的结果却是 false, 这显然是不正确的。

问题出现在 instanceof 关键字上。Man 是 Person 的子类, person instanceof Man 结果当然是 false。这违反了对称性原则。

实际上用 instanceof 关键字是达不到对称性的要求的。这里推荐做法是用 getClass( )方法取代 instanceof 运算符。getClass( )关键字也是 Object 类中的一个方法, 作用是返回一个对象的运行时类, 下面详细讲解。

Person 类中的 equals 方法代码如下:

```
public boolean equals(Object obj) {
        if(this == obj){//引用相等则两个对象相等
            return true;
        }
        if(obj == null || (getClass() != obj.getClass())){//对象为空或者不是
Person 类的实例
            return false;
        }
        PersonotherPerson = (Person)obj;
          if (otherPerson.getPname () .equals (this.getPname ()) && otherPer-
son.getPage()==this.getPage()){
            return true;
        }
        return false;
    }
```

打印结果 person. equals(Man)得到的结果是 false, Man. equals(person)得到的结果也是 false, 满足对称性。

注意:

使用 getClass 要根据情况而定, 毕竟定义对象是否相等的标准是由程序员自己定义的。而且使用 getClass 不符合多态的定义, 比如 AbstractSet 抽象类, 它有两个子类 TreeSet 和 HashSet, 它们分别使用不同的算法实现查找集合的操作, 但无论集合采用哪种方式实现, 都需要拥有对两个集合进行比较的功能, 如果使用 getClass 实现 equals 方法的重写, 那么就不能对两个不同子类的对象进行相等的比较。而且集合类比较特殊, 其子类不需要自定义相等的概念。

所以对于使用 instanceof 和 getClass() 运算符有如下建议：

1）如果子类能够拥有自身相等的概念，则对称性需求将强制采用 getClass 进行检测。

2）如果有超类决定相等的概念，那么就可以使用 instanceof 进行检测，这样可以在不同子类的对象之间进行相等的比较。

下面给出一个完美的 equals 方法的建议：

1）显示参数命名为 otherObject，稍后会将它转换成另一个称为 other 的变量。

2）判断比较的两个对象引用是否相等，如果引用相等则表示是同一个对象。

3）如果 otherObject 为 null，则直接返回 false，表示不相等。比较 this 和 otherObject 是否是同一个类：如果 equals 的语义在每个子类中有所改变，就使用 getClass 检测；如果所有的子类都有统一的定义，那么使用 instanceof 检测。

4）将 otherObject 转换成对应的类型变量。

5）最后对对象的属性进行比较。使用 == 比较基本类型，使用 equals 比较对象。如果都相等则返回 true，否则返回 false。注意如果是在子类中定义 equals，则要包含 super.equals(other)。

下面给出 Person 类中完整的 equals 方法的代码：

```java
public boolean equals(Object otherObject) {
//1. 判断比较的两个对象引用是否相等,如果引用相等则表示是同一个对象
                if (this == otherObject) {
                        return true;
                }
                //2. 如果 otherObject 为 null,则直接返回 false,表示不相等
                if (otherObject == null) {//对象为空或者不是 Person 类的实例
                        return false;
                }
                //3. 比较 this 和 otherObject 是否是同一个类(注意下面两个只能使用
一种)
                //3.1:如果 equals 的语义在每个子类中所有改变,就使用 getClass 检测
                if (this.getClass() != otherObject.getClass()) {
                        return false;
                }
                //3.2:如果所有的子类都有统一的定义,那么使用 instanceof 检测
                if (!(otherObject instanceof Person)) {
                        return false;
                }

                //4. 将 otherObject 转换成对应的类型变量
                Person other = (Person) otherObject;

                //5. 最后对对象的属性进行比较.使用 == 比较基本类型,使用 equals 比
较对象,如果都相等则返回 true,否则返回 false
```

```
            //使用 Objects 工具类的 equals 方法防止比较的两个对象有一个为
null 而报错,因为 null.equals() 会抛出异常
            return Objects.equals(this.pname, other.pname) && this.page
== other.page;
        }
```

该方法声明相等对象必须具有相同的哈希代码。hashCode 也是 Object 类中的方法,后面会详细讲解。请注意,无论何时重写此方法,通常都必须重写 hashCode 方法,以遵循hashCode 方法的一般约定。

1.1.4　getClass 方法

上一小节在介绍 equals 方法时,介绍如果 equals 的语义在每个子类中有所改变,那么使用 getClass 检测,为什么这样说呢?

getClass() 在 Object 类中代码如下,作用是返回对象的运行时类。

```
public final native Class<?>getClass();
```

这是一个用 native 关键字修饰的方法。

这里读者要知道用 native 修饰的方法是由操作系统帮忙实现的,该方法的作用是返回一个对象的运行时类,通过这个类对象可以获取该运行时类的相关属性和方法。也就是Java 中的反射,各种通用的框架都是利用反射来实现的,这里不做详细的描述。

getClass 方法返回的是一个对象的运行时类对象,这该怎么理解呢? Java 中还有一种方法,通过类名.class 获取这个类的类对象,这两种方法的区别如下:

父类:Parent.class

```
public class Parent {}
```

子类:Son.class

```
public class Son extends Parent{}
```

测试:

```
@Test
    public voidtestClass(){
        Parent p = new Son();
        System.out.println(p.getClass());
        System.out.println(Parent.class);
    }
```

打印结果:

```
class com.kkb.tz.bean.Son
class com.kkb.tz.bean.Parent
```

结论:class 是一个类的属性,能获取该类编译时的类对象,而 getClass() 是一个类的

方法，它是获取该类运行时的类对象。

需要注意，虽然 Object 类中 getClass（）方法声明是：public final native Class<?> getClass（）；返回的是一个 Class<?>，但是如下方法也能通过编译：

```
Class<? extends String> c ="".getClass();
```

即类型为 T 的变量 getClass 方法的返回值类型其实是 Class<? extends T>，而非 getClass 方法声明中的 Class<?>。

官方文档中也有相关说明。

1.1.5 hashCode 方法

1. hashCode（）是什么？

hashCode（）方法和 equals（）方法的作用其实一样，在 Java 里都是用来对比两个对象是否相等一致。

hashCode 在 Object 类中定义代码如下所示。

```
public native inthashCode();
```

这也是一个用 native 声明的本地方法，作用是返回对象的哈希码，是 int 类型的数值。那么这个方法存在的意义是什么呢？

在 Java 中有几种集合类，比如 List、Set 和 Map，List 集合存放的元素一般是有序可重复的，Set 存放的元素则是无序不可重复的，而 Map 集合存放的是键值对。

前面写到判断一个元素是否相等可以通过 equals 方法，每增加一个元素，就通过 equals 方法判断集合中的每一个元素是否重复，但是如果集合中有 10000 个元素了，当新加入一个元素时，那就需要进行 10000 次 equals 方法的调用，这显然效率很低。

于是，Java 的集合设计者就采用了哈希表来实现。哈希算法也称为散列算法，是将数据依特定算法产生的结果直接指定到一个地址上。这个结果就是由 hashCode 方法产生的。这样一来，当集合要添加新的元素时，先调用这个元素的 hashCode 方法，就能定位到它应该放置的物理位置上。具体示意图如图 1-2 所示。

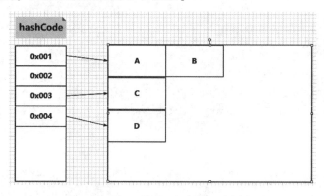

●图 1-2　hashCode 存储示意图

这里有 A、B、C、D 四个对象，分别通过 hashCode 方法产生了三个值，注意 A 和 B 对象调用 hashCode 产生的值是相同的，即 A. hashCode( ) = B. hashCode( ) = 0x001，发生了哈希冲突，这时候由于最先插入了 A，在插入 B 的时候，发现 B 是要插入 A 所在的位置，而 A 已经插入了，这时候就通过调用 equals 方法判断 A 和 B 是否相同，如果相同就不插入 B，如果不同则将 B 插入 A 后面的位置。所以对于 hashCode 方法有如下要求。

2. hashCode 要求

1）在程序运行时期间，只要对象的（字段的）变化不会影响 equals 方法的决策结果，那么，在此期间无论调用多少次 hashCode，都必须返回同一个散列码。

2）通过 equals 调用返回 true 的两个对象的 hashCode 一定相同。

3）通过 equasl 返回 false 的两个对象的散列码不需要不同，也就是通过 hashCode 方法的返回值允许出现相同的情况。

因此，得到如下推论：

- 若两个对象相等，其 hashCode 一定相同；
- 若两个对象不相等，其 hashCode 有可能相同；
- 若 hashCode 相同的两个对象，则不一定相等；
- 若 hashCode 不相同的两个对象，则一定不相等。

这 4 个推论通过图 1-2 可以更好地理解。可能会有人疑问，对于不能重复的集合，为什么不直接通过 hashCode 对于每个元素都产生唯一的值，如果重复就是相同的值，这样不就不需要调用 equals 方法来判断是否相同了吗？

实际上对于元素不是很多的情况下，直接通过 hashCode 产生唯一的索引值，通过这个索引值不仅能直接找到元素，而且还能判断是否相同。比如数据库存储的数据，ID 是有序排列的，通过 ID 直接找到某个元素，如果新插入的元素 ID 已经有了，那就表示是重复数据，这是很完美的办法。但现实是存储的元素很难有这样的 ID 关键字，也就很难实现这种 hashCode 的算法，另外该方法产生的 hashCode 码非常大，这会超过 Java 所能表示的范围，很占内存空间，所以也是不予考虑的。

3. hashCode 编写指导

1）不同对象的 hash 码应该尽量不同，避免 hash 冲突，也就是算法获得的元素要尽量均匀分布。

2）hash 值是一个 int 类型，在 Java 中占用 4 个字节，也就是 2^{32}，要避免溢出。

JDK 中的 Integer 类、Float 类、String 类等都重写了 hashCode 方法，自定义对象也可以参考这些类来写。

接着看一下 JDK String 类的 hashCode 源码如下所示。

```
public int hashCode() {
    int h = hash;
    if (h = = 0 && value.length > 0) {
      char val[] = value;

      for (int i = 0; i < value.length; i++) {
        h = 31 * h + val[i];
```

```
        }
        hash = h;
    }
    return h;
}
```

再次提醒读者，对于 Map 集合，可以选取 Java 中的基本类型，还有引用类型 String 作为 key，因为它们都按照规范重写了 equals 方法和 hashCode 方法。但是如果用自定义对象作为 key，那么一定要重写 equals 方法和 hashCode 方法，不然会产生错误。下面说一下：如何正确使用 hashCode( ) 和 equals( )。

4. hashCode( )和 equals( )使用的注意事项

1）对于需要大量并且快速的对比，如果都用 equals( ) 去实现显然效率太低，所以解决方式是：每当需要对比的时候，首先用 hashCode( ) 去对比，如果 hashCode( ) 结果不一样，则表示这两个对象肯定不相等（也就是不必再用 equals( ) 去对比了），如果 hashCode( ) 相同，此时再对比 equals( )，如果 equals( ) 也相同，则表示这两个对象真正相同，这样既能大大提升了效率也保证了对比结果的正确。具体流程如图 1-3 所示。

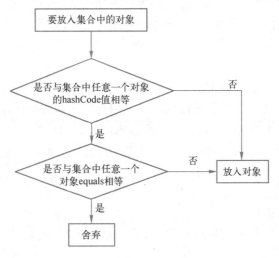

●图 1-3　hashCode 与 equals 使用流程

2）大量的并且快速的对象对比一般使用 hash 容器。比如 HashSet、HashMap、HashTable 等，比如 HashSet 里要求对象不能重复，则其内部必然要对添加进去的每个对象进行对比，而对比规则就是先使用 hashCode( ) 方法，如果 hashCode( ) 结果相同，再用 equals( ) 验证，如果 hashCode( ) 结果不同，则肯定不同，这样对比的效率就很高了。

3）hashCode( ) 和 equals( ) 都是基本类 Object 里的方法，和 equals( ) 一样，Object 里 hashCode( ) 只返回当前对象的地址，如果当相同的一个类中新建两个对象时，由于它们在内存里的地址不同，则它们的 hashCode( ) 不同，所以这显然不是想要的结果，所以必须重写自定义类的 hashCode( ) 方法，即在 hashCode( ) 里面返回唯一的一个 hash 值，代码如下：

```
class Person{
  int num;
  String name;

  public inthashCode(){
    return num*name.hashCode();
  }
}
```

由于标识这个类的是通过其内部的变量 num 和 name，所以就要根据它们返回一个 hash 值，作为这个类唯一的 hash 值。

所以如果想把编写的对象放进 hashSet，并且发挥 hashSet 的特性（即不包含一样的对象），就要重写自定义类的 hashCode( ) 和 equals( ) 方法。像 String、Integer 等这种类内部都已经重写了这两个方法。

如果只想对比两个对象是否一致，则只重写一个 equals( )，然后用 equals( ) 去对比即可。

1.1.6 toString 方法

该方法在 JDK 中的源码如下所示。

```
public String toString() {
    returngetClass().getName() + "@ " + Integer.toHexString(hashCode());
}
```

getClass( ). getName( ) 是返回对象的全类名（包含包名），Integer. toHexString(hashCode( )) 是以十六进制无符号整数形式返回此哈希码的字符串表示形式。

打印某个对象时，默认是调用 toString 方法，比如 System. out. println (person) 等价于 System. out. println(person. toString( ))。

1.1.7 notify( )/notifyAll( )/wait( )

notify( )/notifyAll( )/wait( ) 方法是用于多线程之间的通信方法，关于多线程后面会详细描述，这里就不进行讲解了。

1.1.8 finalize 方法

该方法用于垃圾回收，一般由 JVM 自动调用，一般不需要程序员去手动调用该方法。

1.1.9　registerNatives 方法

该方法在 Object 类中定义，代码如下所示。

```
private static native voidregisterNatives();
```

这是一个本地方法，一个类定义了本地方法后，想要调用操作系统的实现，必须还要装载本地库，但是在 Object. class 类中具有很多本地方法，却没有看到本地库的载入代码。而且这个方法是用 private 关键字声明的，在类外面根本调用不了。这个方法的类似源码，代码如下所示。

```
static {
        registerNatives();
    }
```

上面的代码表明，静态代码块是一个类在初始化过程中必定会执行的内容，所以在类加载的时候会执行该方法，并通过该方法来注册本地方法。

1.2　Java 的深拷贝和浅拷贝

关于 Java 的深拷贝和浅拷贝，简单来说就是创建一个和已知对象一模一样的对象。可能日常编码过程中用得不多，但是这是一个面试中经常会被问到的问题，而且了解深拷贝和浅拷贝的原理，对于 Java 中的值传递或者引用传递将会有更深的理解。

1.2.1　创建对象的 5 种方式

1. 通过 new 关键字

这是最常用的一种方式，通过 new 关键字调用类的有参或无参构造方法来创建对象。比如 Object obj = new Object( )。

2. 通过 Class 类的 newInstance（ ）方法

这种默认是调用类的无参构造方法创建对象。比如 Person p2 =（Person）Class. forName（"com. ys. test. Person"）. newInstance（ ）。

3. 通过 Constructor 类的 newInstance 方法

这和第 2 种方法类似，都是通过反射来实现的。通过 java. lang. relect. Constructor 类的 newInstance( )方法指定某个构造器来创建对象。

```
Person p3 = (Person) Person.class.getConstructors()[0].newInstance();
```

实际上第 2 种方法利用 Class 的 newInstance（ ）方法创建对象，其内部调用还是 Constructor 的 newInstance( )方法。

4. 利用 Clone 方法

Clone 是 Object 类中的一个方法，clone 克隆顾名思义就是创建一个一模一样的对象出来。通过对象 A. clone( )方法会创建一个内容和对象 A 一模一样的对象 B。

```
Person p4 = (Person) p3.clone();
```

5. 反序列化

序列化是把堆内存中的 Java 对象数据，通过某种方式把对象存储到磁盘文件中或者传递给其他网络节点（在网络上传输）。而反序列化则是把磁盘文件中的对象数据或者把网络节点上的对象数据，恢复成 Java 对象模型的过程。

1.2.2 Clone 方法

本节介绍 Java 的深拷贝和浅拷贝，其实现方式正是通过调用 Object 类的 clone( )方法来完成。在 Object. class 类中其源码如下：

```
protected native Object clone() throws CloneNotSupportedException;
```

这是一个用 native 关键字修饰的方法，关于 native 关键字，不理解也没关系，只需要知道用 native 修饰的方法就是告诉操作系统去实现。具体过程不需要了解，只需要知道 clone 方法的作用就是复制对象并产生一个新的对象。那么这个新的对象和原对象是什么关系呢？

1.2.3 基本类型和引用类型

这里普及一个概念，在 Java 中基本类型和引用类型的区别。

在 Java 中数据类型可以分为两大类：基本类型和引用类型。

基本类型也称为值类型，分别是字符类型 char，布尔类型 boolean 以及数值类型 byte、short、int、long、float、double。

引用类型则包括类、接口、数组、枚举等。

Java 将内存空间分为堆和栈。基本类型直接在栈中存储数值，而引用类型是将引用放在栈中，实际存储的值是放在堆中，通过栈中的引用指向堆中存放的数据。基本类型和引用类型在 JVM 存储结构如图 1-4 所示。

图中定义的 a 和 b 都是基本类型，其值是直接存放在栈中的；而 c 和 d 是 String 声明的，这是一个引用类型，引用地址是存放在栈中，然后指向堆的内存空间。

下面 d = c；这条语句表示将 c 的引用赋值给 d，那么 c 和 d 将指向同一块堆内存空间。

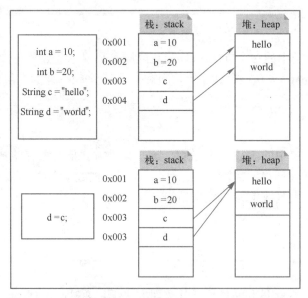

●图 1-4　基本类型和引用类型在 JVM 中的存储结构

1.2.4　浅拷贝

浅拷贝代码如下所示。

```java
package com.kkb.tz.test;

public class Person implements Cloneable{
    public String pname;
    public int page;
    public Address address;
    public Person() {}

    public Person(String pname,int page){
        this.pname = pname;
        this.page = page;
        this.address = new Address();
    }

    @Override
    protected Object clone() throws CloneNotSupportedException {
        return super.clone();
    }

    public void setAddress(String provices,String city ){
```

```
            address.setAddress(provices, city);
        }
    public void display(String name){
        System.out.println(name+":"+"pname = " + pname + ", page = " + page +","+ ad-
dress);
        }

    public String getPname() {
        return pname;
    }

    public void setPname(String pname) {
        this.pname = pname;
    }

    public int getPage() {
        return page;
    }

    public void setPage(int page) {
        this.page = page;
    }

}
    package com.kkb.tz.test;

public class Address {
    private String provices;
    private String city;
    public void setAddress(String provices,String city){
        this.provices = provices;
        this.city = city;
    }
    @Override
    public String toString() {
        return "Address [provices = " + provices + ", city = " + city + "]";
    }

}
```

这是一个进行赋值的原始类 Person。下面产生一个 Person 对象，并调用其 clone 方法
复制一个新的对象。

注意:

调用对象的 clone 方法，必须要让类实现 Cloneable 接口，并且重写 clone 方法。
测试用例代码如下所示。

```
@Test
public void testShallowClone() throws Exception{
    Person p1 = new Person("zhangsan",21);
    p1.setAddress("湖北省", "武汉市");
    Person p2 = (Person) p1.clone();
    System.out.println("p1:"+p1);
    System.out.println("p1.getPname:"+p1.getPname().hashCode());

    System.out.println("p2:"+p2);
    System.out.println("p2.getPname:"+p2.getPname().hashCode());

    p1.display("p1");
    p2.display("p2");
    p2.setAddress("湖北省", "荆州市");
    System.out.println("将复制之后的对象地址修改:");
    p1.display("p1");
    p2.display("p2");
}
```

打印结果如图 1-5 所示。

●图 1-5　浅拷贝测试方法打印结果

首先看原始类 Person 实现 Cloneable 接口，并且重写 clone 方法，它有三个属性，一个引用类型 String 定义的 pname、一个基本类型 int 定义的 page，还有一个引用类型 Address，这是一个自定义类，这个类也包含两个属性 provices 和 city。

接着看测试内容，首先创建一个 Person 类的对象 p1，其 pname 为 zhangsan，page 为 21，地址类 Address 的两个属性为湖北省和武汉市。接着调用 clone( )方法复制另一个对象 p2，并打印这两个对象的内容。

从第 1 行和第 3 行打印结果:

```
p1:com.kkb.tz.test.Person@598067a5
p2:com.kkb.tz.test.Person@3c0ecd4b
```

可以看出这是两个不同的对象。

从第 5 行和第 6 行打印的对象内容看，原对象 p1 和克隆出来的对象 p2 内容完全相同。

代码中只是更改了克隆对象 p2 的属性 Address 为湖北省荆州市（原对象 p1 是湖北省武汉市），但是从第 7 行和第 8 行打印结果来看，原对象 p1 和克隆对象 p2 的 Address 属性都被修改了。

也就是说，对象 Person 的属性 Address 经过 clone 之后，其实只是复制了其引用，它们指向的还是同一块堆内存空间，当修改其中一个对象的属性 Address 时，另一个也会跟着变化，如图 1-6 所示。

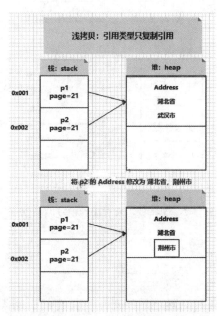

●图 1-6　浅拷贝：引用类型只复制引用

浅拷贝：创建一个新对象，然后将当前对象的非静态字段复制到该新对象，如果字段是值类型的，那么对该字段执行复制；如果该字段是引用类型的，则复制引用但不复制引用的对象。因此，原始对象及其副本引用同一个对象。

1.2.5　深拷贝

弄清楚了浅拷贝后，深拷贝就很容易理解了。

深拷贝：创建一个新对象，然后将当前对象的非静态字段复制到该新对象，无论该字段是值类型的还是引用类型，都复制独立的一份。当用户修改其中一个对象的任何内容时，都不会影响另一个对象的内容。如图 1-7 所示。

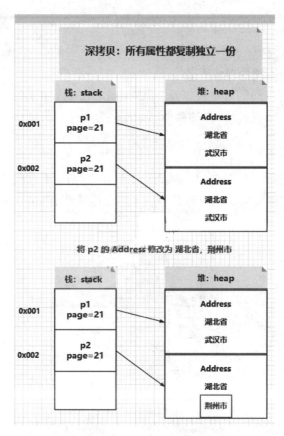

●图 1-7 深拷贝：所有属性都复制独立一份

1.2.6 如何实现深拷贝

深拷贝就是要让原始对象和克隆之后的对象所具有的引用类型属性不是指向同一块堆内存，这里介绍两种实现思路。

1. 让每个引用类型属性内部都重写 clone( )方法

既然引用类型不能实现深拷贝，那么将每个引用类型都拆分为基本类型，分别进行浅拷贝。比如上面的例子，Person 类有一个引用类型 Address（其实 String 也是引用类型，但是 String 类型有点特殊，后面会详细讲解），在 Address 类内部也重写 clone 方法，代码如下。

```
package com.kkb.tz.test;
public class Address implements Cloneable {
    private String provices;
    private String city;

    public void setAddress(String provices, String city) {
        this.provices = provices;
        this.city = city;
```

```
    }

    @Override
    public String toString() {
        return "Address [provices=" + provices + ", city=" + city + "]";
    }

    @Override
    protected Object clone() throws CloneNotSupportedException {
        return super.clone();
    }
}
```

Person. class 的 clone( ) 方法代码如下所示。

```
@Override
protected Object clone() throws CloneNotSupportedException {
    Person p = (Person) super.clone();
    p.address = (Address) address.clone();
    return p;
}
```

测试还是和浅拷贝一样，发现更改了 p2 对象的 Address 属性，p1 对象的 Address 属性并没有变化。打印结果如图 1-8 所示。

●图 1-8　深拷贝测试打印结果

但是这种做法有个弊端，这里 Person 类只有一个 Address 引用类型，而 Address 类没有，所以这里只重写 Address 类的 clone 方法，但是如果 Address 类也存在一个引用类型，那么也要重写其 clone 方法，这样有多少个引用类型，就要重写多少次，如果存在很多引用类型，那么代码量显然会很大，所以这种方法不太合适。

2. 利用序列化

序列化是将对象写到流中便于传输，而反序列化则是把对象从流中读取出来。这里写到流中的对象则是原始对象的一个拷贝，因为原始对象还存在 JVM 中，所以可以利用对象的序列化产生克隆对象，然后通过反序列化获取这个对象。

注意每个需要序列化的类都要实现 Serializable 接口，如果有某个属性不需要序列化，可以将其声明为 transient，即将其排除在克隆属性之外。代码如下所示。

```
//深拷贝
public Object deepClone() throws Exception{
    //序列化
    ByteArrayOutputStream bos = new ByteArrayOutputStream();
    ObjectOutputStream oos = new ObjectOutputStream(bos);

    oos.writeObject(this);

    //反序列化
    ByteArrayInputStream bis = new ByteArrayInputStream(bos.toByteArray());
    ObjectInputStream ois = new ObjectInputStream(bis);

    return ois.readObject();
}
```

因为序列化产生的是两个完全独立的对象，所有无论嵌套多少个引用类型，序列化都是能实现深拷贝的。

1.3　最常用的引用类——Integer 类

本节重点介绍一下 Integer。首先介绍 Integer 类和 int 基本数据类型的关系，接着再从源码层次详细介绍 Integer 的实现。在讲解 Integer 之前，先看如下代码。

```
public static void main(String[] args) {
    Integer i = 10;
    Integer j = 10;
    System.out.println(i == j);
    Integer a = 128;
    Integer b = 128;
    System.out.println(a == b);

    int k = 10;
    System.out.println(k == i);
    int kk = 128;
    System.out.println(kk == a);

    Integer m = new Integer(10);
    Integer n = new Integer(10);
    System.out.println(m == n);
}
```

可以先思考一下运行结果是什么？

答案是

```
true
false
true
true
false
```

至于为什么是这个结果，下面逐一介绍。

1.3.1　Integer 类简介

首先大致看一下 Integer 是什么，Integer 类在 JDK 1.0 的时候就有了，它是一个类，是 int 基本数据类型的封装类，定义代码如下：

```
public final class Integer extends Number implements Comparable<Integer>{}
```

1.3.2　Integer 的主要属性

如图 1-9 所示，int 类型在 Java 中占据 4 个字节，所以其可以表示大小的范围是 $-2^{31} \sim 2^{31}-1$，即 $-2147483648 \sim 2147483647$，在用 int 表示数值时一定不要超出这个范围。

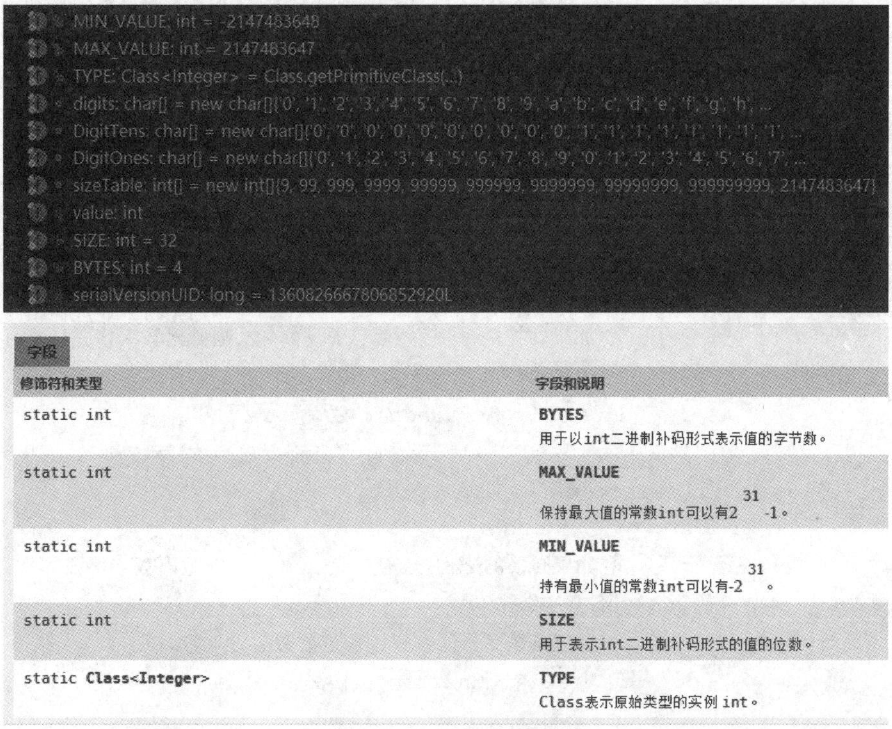

修饰符和类型	字段和说明
static int	**BYTES** 用于以int二进制补码形式表示值的字节数。
static int	**MAX_VALUE** 保持最大值的常数int可以有 $2^{31}-1$。
static int	**MIN_VALUE** 持有最小值的常数int可以有 -2^{31}。
static int	**SIZE** 用于表示int二进制补码形式的值的位数。
static Class<Integer>	**TYPE** Class表示原始类型的实例int。

● 图 1-9　Integer 主要属性

1.3.3 Integer 类和 int 的区别

1）Integer 是 int 包装类，int 是八大基本数据类型之一（byte、char、short、int、long、float、double、boolean）。

2）Integer 是类，默认值为 null，int 是基本数据类型，默认值为 0。

3）Integer 表示的是对象，用一个引用指向这个对象，而 int 是基本数据类型，直接存储数值。

1.3.4 构造方法 Integer（int），Integer（String）

对于第一个构造方法 Integer(int)，源码如下：

```
public Integer(int var1) {
    this.value = var1;
}
```

对于第二个构造方法 Integer(String)，就是将输入的字符串数据转换成整型数据。

首先必须要知道能转换成整数的字符串必须分为两个部分：第一位必须是" +" 或者" –"，剩下的必须是 0~9 和 a~z 字符。

```
public Integer(String s) throws NumberFormatException {
                        this.value = parseInt(s, 10);//首先调用parseInt(s,
10)方法,其中s表示需要转换的字符串,10表示以十进制输出,默认也是十进制
                    }
        public static intparseInt(String s, int radix) throws NumberFormatE-
xception {
                    //如果转换的字符串为null,直接抛出空指针异常
                    if (s == null) {
                            throw new NumberFormatException("null");
                    }
                    //如果转换的radix(默认是10)<2,则抛出数字格式异常,因为进制
最小是二进制
                    if (radix < Character.MIN_RADIX) {
                            throw new NumberFormatException("radix " +
radix + " less than Character.MIN_RADIX");
                    }
                    //如果转换的radix(默认是10)>36,则抛出数字格式异常,因为0~
9一共10位,a~z一共26位,所以一共36位
                    //也就是最高只能有三十六进制数
                    if (radix > Character.MAX_RADIX) {
```

```
                    throw new NumberFormatException("radix " +
radix + " greater than Character.MAX_RADIX");
                    }
                    int i = 0, len = s.length();//len 是待转换字符串的长度
                    int limit = -Integer.MAX_VALUE;//limit = -2147483647
                    int multmin;
                    int digit;
                    //如果待转换字符串长度大于 0
                    if (len > 0) {
                        char firstChar = s.charAt(0);//获取待转换字符
串的第一个字符
                        //这里主要用来判断第一个字符是"+"或者"-",因为这
两个字符的 ASCII 码都小于字符'0'
                        if (firstChar < '0') {
                            if (firstChar == '-') {//如果第一个
字符是'-'
                                negative = true;
                                limit = Integer.MIN_VAL-
UE;
                            } else if (firstChar != '+')//如果第
一个字符是不是 '+',直接抛出异常
                                throw NumberFormatExcep-
tion.forInputString(s);

                            if (len == 1) //待转换字符长度是1,
不能是单独的"+"或者"-",否则抛出异常
                                throw NumberFormatExcep-
tion.forInputString(s);
                            i++;
                        }
                        multmin = limit / radix;
                        //通过不断循环,将字符串除掉第一个字符之后,根据进
制不断相乘再相加得到一个正整数
                        //比如 parseInt("2abc",16) = 2 * 16 的 3 次方+10
* 16 的 2 次方+11 * 16+12 * 1
                        //parseInt("123",10) = 1 * 10 的 2 次方+2 * 10+3
* 1
                        while (i < len) {
                            digit = Character.digit(s.charAt
(i++), radix);
                            if (digit < 0) {
```

```
                                            throw NumberFormatEx-
ception.forInputString(s);
                                        }
                                        if (result < multmin) {
                                            throw NumberFormatEx-
ception.forInputString(s);
                                        }
                                        result *= radix;
                                        if (result < limit + digit) {
                                            throw NumberFormatEx-
ception.forInputString(s);
                                        }
                                        result -= digit;
                                    }
                                } else {//如果待转换字符串长度小于等于0,直接抛出异常
                                            throw
NumberFormatException.forInputString(s);
                                }
                                //根据第一个字符得到的正负号,在结果前面加上符号
                                return negative ? result : -result;
        }
```

1.3.5 toString（），toString（int i）和 toString（int i,int radix）

通过 toString()，toString(int i)和 toString(int i,int radix)这三个方法重载，能返回一个整型数据所表示的字符串形式，其中最后一个方法 toString(int,int)中第二个参数表示进制数。

```
public String toString() {
    return toString(value);
}
public static String toString(int i) {
    if (i == Integer.MIN_VALUE)
        return "-2147483648";
    int size = (i < 0) ?stringSize(-i) + 1 : stringSize(i);
    char []buf = new char[size];
    getChars(i, size, buf);
    return new String(buf, true);
}
```

toString(int)方法内部调用了 stringSize()和 getChars()方法，stringSize()是用来计算参数 i 的位数，也就是转成字符串之后的字符串的长度，通过内部结合一个已经初始化好的 int 类型的数组 sizeTable 来完成计算。

```
final static int []sizeTable = { 9, 99, 999, 9999, 99999, 999999, 9999999,
                            99999999, 999999999, Integer.MAX_VALUE };


    //Requires positive x
    static intstringSize(int x) {
        for (int i = 0; ; i++)
            if (x <= sizeTable[i])
                return i+1;
    }
```

这里实现的形式很巧妙。注意负数包含符号位，所以对于负数的位数是 stringSize($-i$)+1。
再看 getChars 方法：

```
static voidgetChars(int i, int index, char[] buf) {
    int q, r;
    intcharPos = index;
    char sign = 0;

    if (i < 0) {
        sign = '-';
        i = -i;
    }


    //Generate two digits per iteration
    while (i >= 65536) {
        q = i /100;
    //really: r = i - (q * 100);
        r = i - ((q << 6) + (q << 5) + (q << 2));
        i = q;
        buf [--charPos] = DigitOnes[r];
        buf [--charPos] = DigitTens[r];
    }


    //Fall thru to fast mode for smaller numbers
    //assert(i <= 65536, i);
    for (;;) {
        q = (i * 52429) >>> (16+3);
        r = i - ((q << 3) + (q << 1));   //r = i-(q * 10) ...
        buf [--charPos] = digits [r];
        i = q;
        if (i == 0) break;
    }
    if (sign != 0) {
```

```
        buf [--charPos] = sign;
    }
}
```

i：被初始化的数字。

index：这个数字的长度（包含了负数的符号"-"）。

buf：字符串的容器-一个 char 型数组。

第一个 if 判断，如果 i<0，sign 记下它的符号"-"，同时将 i 转成整数。下面所有的操作也就只针对整数了，最后再判断 sign，如果不等于零，则将 sign 的值放在 char 数组的首位 buf [--charPos] = sign。

1.3.6 自动拆箱和装箱

自动拆箱和自动装箱是 JDK 1.5 以后才有的功能，也就是 Java 当中众多的语法糖之一，它的执行是在编译期，会根据代码的语法，在生成 class 文件的时候，决定是否进行拆箱和装箱动作。

1. 自动装箱

一般创建一个类的对象需要通过 new 关键字，比如：

```
Object obj = new Object();
```

但是实际上，对于 Integer 类，可以直接这样使用：

```
Integer a = 128;
```

为什么可以这样，通过反编译工具，可以看到，生成的 class 文件是：

```
Integer a = Integer.valueOf(128);
```

看看 valueOf( )方法

```
public static IntegervalueOf(int i) {
    assertIntegerCache.high >= 127;
    if (i >=IntegerCache.low && i <= IntegerCache.high)
        returnIntegerCache.cache[i + (-IntegerCache.low)];
    return new Integer(i);
}
```

其实最后返回的也是通过 new Integer( )产生的对象，但是这里要注意前面的一段代码，当 i 的值-128 <= i <= 127 时返回的是缓存类中的对象，并没有重新创建一个新的对象，这在通过 equals 进行比较的时候要注意。

这就是基本数据类型的自动装箱，128 是基本数据类型，然后被解析成 Integer 类。

2. 自动拆箱

将 Integer 类表示的数据赋值给基本数据类型 int，就执行了自动拆箱。

```
Integer a = new Integer(128);
int m = a;
```

反编译生成的 class 文件，代码如下所示。

```
Integer a = new Integer(128);
int m = a.intValue();
```

简单来讲：自动装箱就是 Integer.valueOf(int i)；自动拆箱就是 i.intValue( )；。

1.3.7 回顾本节开篇的问题

本节开篇时的代码如下：

```
public static void main(String[] args) {
    Integer i = 10;
    Integer j = 10;
    System.out.println(i == j);

    Integer a = 128;
    Integer b = 128;
    System.out.println(a == b);

    int k = 10;
    System.out.println(k == i);
    int kk = 128;
    System.out.println(kk == a);

    Integer m = new Integer(10);
    Integer n = new Integer(10);
    System.out.println(m == n);
}
```

使用反编译工具，得到的代码如下：

```
public static void main(String args[])
{
    Integer i = Integer.valueOf(10);
    Integer j = Integer.valueOf(10);
    System.out.println(i == j);
    Integer a = Integer.valueOf(128);
    Integer b = Integer.valueOf(128);
    System.out.println(a == b);
    int k = 10;
```

```
    System.out.println(k == i.intValue());
    int kk = 128;
    System.out.println(kk == a.intValue());
    Integer m = new Integer(10);
    Integer n = new Integer(10);
System.out.println(m == n);
}
```

打印结果为：

```
true
false
true
true
false
```

首先，直接声明 Integer i = 10，自动装箱变为 Integer. valueOf(10)；自动拆箱变为 i. intValue( )。

1）第一个打印结果为 true。对于 i = = j，这是两个 Integer 类，它们比较应该用 equals，这里用= =比较的是地址，那么结果肯定为 false，但是实际上结果为 true，这是为 什么？

进入 Integer 类的 valueOf( )方法，代码如下所示。

```
public static IntegervalueOf(int i) {
    if (i >=IntegerCache.low && i <= IntegerCache.high)
        returnIntegerCache.cache[i + (-IntegerCache.low)];
    return new Integer(i);
}
```

分析源码可以知道在 i >= -128 并且 i <= 127 的时候，第一次声明会将 i 的值放入缓 存中，第二次直接取缓存里面的数据，而不是重新创建一个 Ingeter 对象。那么第一个打印 结果因为 i = 10 在缓存表示范围内，所以为 true。

2）第二个打印结果为 false。从上面的分析可以知道，128 是不在-128 到 127 之间的， 所以第一次创建对象的时候没有缓存，第二次创建了一个新的 Integer 对象。故打印结果为 false。

3）第三个打印结果为 true。Integer 的自动拆箱功能，也就是比较两个基本数据类型， 结果为 true。

4）第四个打印结果为 true。解释和第三个一样。int 和 integer 比都为 true，因为会把 Integer 自动拆箱为 int 再去比较。

5）第五个打印结果为 false。因为这个虽然值为 10，但是都是通过 new 关键字来创建 的两个对象，是不存在缓存的概念的。两个用 new 关键字创建的对象用 = = 进行比较，结 果为 false。

1.3.8　进行测试

测试代码如下：

```
Integer a = 1;
Integer b = 2;
Integer c = 3;
Integer d = 3;

Integer e = 321;
Integer f = 321;

Long g = 3L;
Long h = 2L;

System.out.println(c == d);
System.out.println(e == f);
System.out.println(c == (a + b));
System.out.println(c.equals((a+b)));
System.out.println(g == (a+b));
System.out.println(g.equals(a+b));
System.out.println(g.equals(a+h));
```

反编译结果为：

```
Integer a = Integer.valueOf(1);
Integer b = Integer.valueOf(2);
Integer c = Integer.valueOf(3);
Integer d = Integer.valueOf(3);
Integer e = Integer.valueOf(321);
Integer f = Integer.valueOf(321);
Long g = Long.valueOf(3L);
Long h = Long.valueOf(2L);
System.out.println(c == d);
System.out.println(e == f);
System.out.println(c.intValue() == a.intValue() + b.intValue());
System.out.println(c.equals(Integer.valueOf(a.intValue() + b.intValue()));
System.out.println(g.longValue() == (long)(a.intValue()) + b.intValue());
System.out.println(g.equals(Integer.valueOf(a.intValue() + b.intValue()));
System.out.println(g.equals(Long.valueOf((long)a.intValue() + h.longValue()));
```

打印结果为：

```
1  true
2  false
3  true
4  true
5  true
6  false
7  true
```

分析：第一个和第二个结果容易获得，它们是 Integer 类在-128 到 127 的缓存问题。

第三个结果：由于 a+b 包含了算术运算，因此会触发自动拆箱过程（会调用 intValue 方法），＝＝比较符又将左边的自动拆箱，因此它们比较的是数值是否相等。

第四个结果：对于 c.equals(a+b)，会先触发自动拆箱过程，再触发自动装箱过程，也就是说，a+b 会先各自调用 intValue 方法，得到了加法运算后的数值之后，再调用 Integer.valueOf 方法，进行 equals 比较。

第五个结果：对于 g ==（a+b），首先计算 a+b，也是先调用各自的 intValue 方法，得到数值之后，由于前面的 g 是 long 类型的，也会自动拆箱为 long，＝＝运算符能将隐含的小范围的数据类型转换为大范围的数据类型，也就是 int 会被转换成 long 类型，然后再将两个 long 类型的数值进行比较。

第六个结果：对于 g.equals(a+b)，同理 a+b 会先自动拆箱，然后将结果自动装箱，需要说明的是，equals 运算符不会进行类型转换。所以是 Long.equals(Integer)，结果当然是 false。

第七个结果：对于 g.equals(a+h)，运算符+会进行类型转换，a+h 各自拆箱之后是 int+long，结果是 long，然后 long 进行自动装箱为 Long，两个 Long 进行 equals 判断。

1.3.9 equals()方法

该方法先通过 instanceof 关键字判断两个比较对象的关系，然后将对象强转为 Integer，再通过自动拆箱，转换成两个基本数据类 int，然后通过 ＝＝ 比较，代码如下所示。

```java
public boolean equals(Object obj) {
    if (objinstanceof Integer) {
        return value == ((Integer)obj).intValue();
    }
    return false;
}
```

1.3.10 String 类的定义

```java
public final class String
    implements java.io.Serializable, Comparable<String>, CharSequence {}
```

和 Integer 类一样，这也是一个用 final 声明的常量类，不能被任何类所继承，而且一旦一个 String 对象被创建，包含在这个对象中的字符序列是不可改变的，包括该类后续的所有方法都不能修改该对象，直至该对象被销毁，这是需要特别注意的（该类的一些方法看似改变了字符串，其实内部都是创建一个新的字符串，下面讲解方法时会介绍）。接着实现了 Serializable 接口，这是一个序列化标志接口；还实现了 Comparable 接口，用于比较两个字符串的大小（按顺序比较单个字符的 ASCII 码），后面会有具体方法实现；最后实现了 CharSequence 接口，表示是一个有序字符的集合，相应的方法后面也会介绍。

1.3.11 hashCode( )方法

Integer 类的 hashCode 方法也比较简单，直接返回其 int 类型的数据，代码如下所示。

```
public inthashCode() {
    return value;
}
```

1.3.12 parseInt(String s)和 parseInt(String s,int radix)方法

前面通过 toString(int i)可以将整型数据转换成字符串类型输出，这里通过 parseInt(String s)能将字符串转换成整型输出。

这两个方法在介绍构造函数 Integer(String s)时已经详细讲解了。

1.3.13 compareTo(Integer anotherInteger)和 compare(int x,int y) 方法

这两个方法可以比较两个数的大小。

```
public intcompareTo(Integer anotherInteger) {
    return compare(this.value,anotherInteger.value);
}
```

compareTo 方法可以在内部直接调用 compare 方法，代码如下所示。

```
public static int compare(int x, int y) {
    return (x < y) ? -1 : ((x == y) ? 0 : 1);
}
```

如果 x < y 则返回 -1。
如果 x == y 则返回 0。
如果 x > y 则返回 1。

```
System.out.println(Integer.compare(1, 2));    //-1
System.out.println(Integer.compare(1, 1));    //0
```

```
System.out.println(Integer.compare(1, 0));        //1
```

1.4 日常编码中最常用的类——String 类

String 类也是 java. lang 包下的一个类，属于日常编码中最常用的一个类，本节就来详细介绍 String 类。

1.4.1 字段属性

一个 String 字符串实际上是一个 char 数组。

```
/* *用来存储字符串  */
private final char value[];

/* *缓存字符串的哈希码 */
private int hash; //Default to 0

/* *实现序列化的标识 */
private static final longserialVersionUID = -6849794470754667710L;
```

1.4.2 构造方法

String 类的构造方法很多。可以通过初始化一个字符串，或者字符数组，或者字节数组等来创建一个 String 对象，如图 1-10 所示。

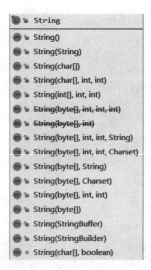

●图 1-10 String 类的构造方法

```
String str1 = "abc";//注意这种字面量声明的区别,本节文末会详细介绍
String str2 = new String("abc");
String str3 = new String(new char[]{'a','b','c'});
```

1. 4. 3　equals（Object anObject）方法

String 类重写了 equals 方法，比较的是组成字符串的每一个字符是否相同，如果都相同则返回 true，否则返回 false。详细代码已经在 1. 1. 3 节 equals 方法中列出过。

1. 4. 4　hashCode（ ）方法

String 类的 hashCode 方法并不是很复杂，但是源码中有一个奇怪的数字 31。这个数字不是用常量声明的，所以没法从字面意思上推断这个数字的用途。下面来揭开数字 31 的用途之谜。

在详细说明 StringhashCode 方法选择数字 31 作为乘子的原因之前，先来看看 String hashCode 方法是怎样实现的，代码如下所示。

```
public inthashCode() {
    int h = hash;
    if (h == 0 && value.length > 0) {
        char val[] = value;

        for (int i = 0; i < value.length; i++) {
            h = 31 * h + val[i];
        }
        hash = h;
    }
    return h;
}
```

上面的代码就是 String hashCode 方法的实现，但 hashCode 方法核心的计算逻辑只有三行，也就是代码中的 for 循环。可以由上面的 for 循环推导出一个计算公式，hashCode 方法注释中已经给出。如下：

```
s[0] * 31^(n-1) + s[1] * 31^(n-2) + ... + s[n-1]
```

说明一下，上面的 s 数组即源码中的 val 数组，是 String 内部维护的一个 char 类型数组。简单推导一下这个公式：

```
假设 n=3
i=0 -> h = 31 * 0 + val[0]
i=1 -> h = 31 * (31 * 0 + val[0]) + val[1]
```

```
i = 2 -> h = 31 * (31 * (31 * 0 + val[0]) + val[1]) + val[2]
        h = 31 * 31 * 31 * 0 + 31 * 31 * val[0] + 31 * val[1] + val[2]
        h = 31^(n-1) * val[0] + 31^(n-2) * val[1] + val[2]
```

接下来关注的重点，即选择 31 的理由。主要原因有两个：

1）31 是一个不大不小的质数，是作为 hashCode 乘子的优选质数之一。另外一些相近的质数，比如 37、41、43 等，也都是不错的选择。那么为什么选中了 31 呢？请看第二个原因。

2）31 可以被 JVM 优化，31 * i = (i << 5) - i。

上面说到，31 是一个不大不小的质数，是优选乘子。那为什么同是质数的 2 和 101（或者更大的质数）就不是优选乘子呢，分析如下。

这里先分析质数 2。首先，假设 n = 6，然后把质数 2 和 n 代入上面的计算公式。并仅计算公式中次数最高的那一项，结果是 $2^5 = 32$，是很小的。所以这里可以断定，当字符串长度不是很长时，用质数 2 作为乘子算出的哈希值，数值不会很大。也就是说，哈希值会分布在一个较小的数值区间内，分布性不佳，最终可能会导致冲突率上升。

质数 2 作为乘子会导致哈希值分布在一个较小区间内，那么如果用一个较大的质数 101 会产生什么样的结果呢？根据上面的分析，猜想读者应该可以猜出结果了。就是不用再担心哈希值会分布在一个小的区间内了，因为 $101^5 = 10,510,100,501$。但是要注意的是，这个计算结果太大了。如果用 int 类型表示哈希值，结果会溢出，最终导致数值信息丢失。尽管数值信息丢失并不一定会导致冲突率上升，但是暂且先认为质数 101（或者更大的质数）也不是很好的选择。最后，再来看看质数 31 的计算结果：$31^5 = 28629151$，结果值大小适中。

上面用了比较简陋的数学手段证明了数字 31 是一个不大不小的质数，是作为 hashCode 乘子的优选质数之一。

1.4.5　charAt（int index）方法

一个字符串是由一个字符数组组成，这个方法是通过传入的索引（数组下标），返回指定索引的单个字符。

```java
public charAt(int index) {
    //如果传入的索引大于字符串的长度或者小于 0,直接抛出索引越界异常
    if ((index < 0) || (index >= value.length)) {
        throw new StringIndexOutOfBoundsException(index);
    }
    return value[index];////返回指定索引的单个字符
}
```

1.4.6　compareTo（String anotherString）和 compareToIgnoreCase
（String str）方法

先看看 compareTo 方法：

```java
public intcompareTo(String anotherString) {
        int len1 = value.length;
        int len2 = anotherString.value.length;
        int lim = Math.min(len1, len2);
        char v1[] = value;
        char v2[] =anotherString.value;

        int k = 0;
        while (k < lim) {
            char c1 = v1[k];
            char c2 = v2[k];
            if (c1 != c2) {
                return c1 - c2;
            }
            k++;
        }
        return len1 - len2;
    }
```

该方法源码很好理解，即按字母顺序比较两个字符串，是基于字符串中每个字符的 Unicode 值。当两个字符串某个位置的字符不同时，返回的是这一位置的字符 Unicode 值之差，当两个字符串都相同时，则返回两个字符串长度之差。

compareToIgnoreCase( )方法是在 compareTo 方法的基础上忽略大小写，大写字母是比小写字母的 Unicode 值小 32 的，底层实现是先都转换成大写比较，然后都转换成小写进行比较。

1.4.7 concat（String str）方法

该方法是将指定的字符串连接到此字符串的末尾。

```java
public Stringconcat(String str) {
    intotherLen = str.length();
    if (otherLen == 0) {
        return this;
    }
    int len = value.length;
    charbuf[] = Arrays.copyOf(value, len + otherLen);
    str.getChars(buf, len);
    return new String(buf, true);
}
```

首先判断要拼接的字符串长度是否为 0，如果为 0，则直接返回原字符串。如果不为 0，则通过 Arrays 工具类（后面会详细介绍这个工具类）的 copyOf 方法创建一个新的字符数组，长度为原字符串和要拼接的字符串之和，前面填充原字符串，后面为空。接着再通过 getChars 方法将要拼接的字符串放入新字符串后面为空的位置。

注意：

返回值是 new String(buf, true)，也就是重新通过 new 关键字创建了一个新的字符串，原字符串是不变的。这也是前面说的一旦一个 String 对象被创建，包含在这个对象中的字符序列是不可改变的。

1.4.8　indexOf(int ch)和 indexOf(int ch, int fromIndex)方法

indexOf(int ch)，参数 ch 其实是字符的 Unicode 值，这里也可以放单个字符（默认转成 int），作用是返回指定字符第一次出现的此字符串中的索引。其内部是调用 indexOf(int ch, int fromIndex)，只不过这里的 fromIndex = 0，因为是从 0 开始搜索；而 indexOf(int ch, int fromIndex)作用也是返回首次出现的此字符串内的索引，但是从指定索引处开始搜索。

```
public intindexOf(int ch) {
    returnindexOf(ch, 0);//从第一个字符开始搜索
}
 public intindexOf(int ch, int fromIndex) {
    final int max = value.length;//max 等于字符的长度
    if (fromIndex < 0) {//指定索引的位置如果小于 0,默认从 0 开始搜索
        fromIndex = 0;
    } else if (fromIndex >= max) {
        //如果指定索引值大于或等于字符的长度(因为是数组,下标最多只能是 max-1),则直接返
回-1
        return -1;
    }

    if (ch < Character.MIN_SUPPLEMENTARY_CODE_POINT) {//一个 char 占用 2 个字节,如
果 ch 小于 2 的 16 次方(65536),绝大多数字符都在此范围内
        final char[] value = this.value;
        for (int i =fromIndex; i < max; i++) {//for 循环依次判断字符串每个字符是否和
指定字符相等
            if (value[i] == ch) {
                return i;//存在相等的字符,返回第一次出现该字符的索引位置,并终止循环
            }
        }
        return -1;//不存在相等的字符,则返回 -1
    } else {//当字符大于 65536 时,属于处理的少数情况,该方法会首先判断是否是有效字符,然
后依次进行比较
```

```
        return indexOfSupplementary(ch,fromIndex);
    }
}
```

1.4.9 split（String regex）和 split（String regex，int limit）方法

split（Stringregex）将该字符串拆分为给定正则表达式的匹配。split（String regex，int limit）也是一样，不过对于 limit 的取值有三种情况：

1）limit > 0，则 pattern （模式）应用 n-1 次。

```
String str = "a,b,c";
String[] c1 = str.split(",", 2);
System.out.println(c1.length);         //2
System.out.println(Arrays.toString(c1));   //{"a","b,c"}
```

2）limit = 0，则 pattern （模式）应用无限次并且省略末尾的空字串。

```
String str2 = "a,b,c,,";
String[] c2 = str2.split(",", 0);
System.out.println(c2.length);         //3
System.out.println(Arrays.toString(c2));   //{"a","b","c"}
```

3）limit < 0，则 pattern （模式）应用无限次。

```
String str2 = "a,b,c,,";
String[] c2 = str2.split(",", -1);
System.out.println(c2.length);         //5
System.out.println(Arrays.toString(c2));   //{"a","b","c","",""}
```

下面看看底层的源码实现。对于 split（String regex），其内部调用 split（regex,0）方法。

```
public String[] split(CharSequence input) {
    return split(input, 0);
}
```

重点看 split（Stringregex，int limit）的方法实现。

```
public String[] split(Stringregex, int limit) {
    /* 1．单个字符,且不是". $ |()[{?*+\\"其中一个
     * 2．两个字符,第一个是"\",第二个大小写字母或者数字
     */
    char ch = 0;
    if (((regex.value.length == 1 &&
        ". $ |()[{?*+\\".indexOf(ch = regex.charAt(0)) == -1) ||
        (regex.length() == 2 &&
```

```
        regex.charAt(0) == '\\' &&
                (((ch =regex.charAt(1))-'0')|('9'-ch)) < 0 &&
                ((ch-'a')|('z'-ch)) < 0 &&
                ((ch-'A')|('Z'-ch)) < 0)) &&
            (ch < Character.MIN_HIGH_SURROGATE ||
             ch > Character.MAX_LOW_SURROGATE))
        {
            int off = 0;
            int next = 0;
            boolean limited = limit > 0;//大于 0,limited == true,反之 limited ==false
            ArrayList<String> list = new ArrayList<>();
            while ((next =indexOf(ch, off)) != -1) {
                //当参数 limit<=0 或者集合 list 的长度小于 limit-1
                if (!limited || list.size() < limit - 1) {
                    list.add(substring(off, next));
                    off = next + 1;
                } else {//判断最后一个 list.size() == limit - 1
                    list.add(substring(off, value.length));
                    off = value.length;
                    break;
                }
            }
            //如果没有一个能匹配的值,则返回一个新的字符串,内容和原来的一样
            if (off == 0)
                return new String[]{this};

            //当 limit<=0 时,limited==false,或者集合的长度小于 limit 时,截取添加剩下
的字符串
            if (!limited || list.size() < limit)
                list.add(substring(off, value.length));

            //当 limit == 0 时,如果末尾添加的元素为空(长度为 0),则集合长度不断减 1,直到
末尾不为空
            intresultSize = list.size();
            if (limit == 0) {
                while (resultSize > 0 && list.get(resultSize - 1).length() == 0) {
                    resultSize--;
                }
            }
            String[] result = new String[resultSize];
            return list.subList(0, resultSize).toArray(result);
```

```
    }
    return Pattern.compile(regex).split(this, limit);
}
```

1.4.10　replace（char oldChar，char newChar）和 String replaceAll（String regex，String replacement）方法

1）replace（char oldChar, char newChar）：将原字符串中所有的 oldChar 字符都替换成 newChar 字符，返回一个新的字符串。

2）String replaceAll（String regex, String replacement）：将匹配正则表达式 regex 的匹配项都替换成 replacement 字符串，返回一个新的字符串。

1.4.11　substring（int beginIndex）和 substring（int beginIndex，int endIndex）方法

1）substring（int beginIndex）：返回一个从索引 beginIndex 开始一直到结尾的子字符串。

```
public String substring(int beginIndex) {
    if (beginIndex < 0) {    //如果索引小于 0,直接抛出异常
        throw new StringIndexOutOfBoundsException(beginIndex);
    }
    intsubLen = value.length - beginIndex;//subLen 等于字符串长度减去索引
    if (subLen < 0) {          //如果 subLen 小于 0,也直接抛出异常
        throw new StringIndexOutOfBoundsException(subLen);
    }
    //1. 如果索引值 beginIdex == 0,则直接返回原字符串
    //2. 如果不等于 0,则返回从 beginIndex 开始一直到结尾的子字符串
    return (beginIndex == 0) ? this : new String(value, beginIndex, subLen);
}
```

2）substring（intbeginIndex, int endIndex）：返回一个从索引 beginIndex 开始，到 endIndex 结尾的子字符串。

1.4.12　常量池

在前面讲解构造函数的时候，明确了最常见的两种声明一个字符串对象的形式：
1）通过"字面量"的形式直接赋值。

```
String str = "hello";
```

2）通过 new 关键字调用构造函数创建对象。

```
String str = new String("hello");
```

那么这两种声明方式有什么区别呢？在讲解之前，先介绍 JDK 1.7（不包括 1.7）以前的 JVM 的内存分布，如图 1-11 所示。

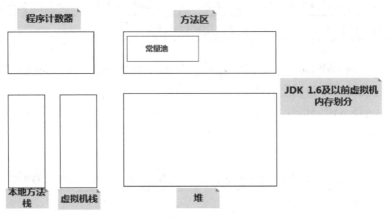

●图 1-11　JDK 1.6 及以前 JVM 内存划分

1）程序计数器：也称为 PC 寄存器，保存的是程序当前执行的指令的地址（即保存下一条指令所在存储单元的地址），当 CPU 需要执行指令时，需要从程序计数器中得到当前需要执行的指令所在存储单元的地址，然后根据得到的地址获取到指令，在得到指令之后，程序计数器便自动加 1 或者根据转移指针得到下一条指令的地址，如此循环，直至执行完所有的指令。线程私有。

2）虚拟机栈：基本数据类型、对象的引用都存放在这。线程私有。

3）本地方法栈：虚拟机栈是为执行 Java 方法服务的，而本地方法栈则是为执行本地方法（Native Method）服务的。在 JVM 规范中，并没有对本地方法栈的具体实现方法以及数据结构做强制规定，虚拟机可以自由实现它。如在 HotSopt 虚拟机中直接把本地方法栈和虚拟机栈合二为一。

4）方法区：存储了每个类的信息（包括类的名称、方法信息、字段信息）、静态变量、常量以及编译器编译后的代码等。注意：在 Class 文件中除了类的字段、方法、接口等描述信息外，还有一项信息是常量池，用来存储编译期间生成的字面量和符号引用。

5）堆：用来存储对象本身以及数组（数组引用是存放在 Java 栈中的）。

在 JDK 1.7 以后，方法区的常量池被移除放到堆中了，如图 1-12 所示。

———————————————————————————————————
注意：
———————————————————————————————————

图 1-11 中红色的箭头，通过 new 关键字创建的字符串对象，如果常量池中存在了，会将堆中创建的对象指向常量池的引用。可以通过本节末尾介绍的 intern() 方法来验证。

使用包含变量表达式创建对象：

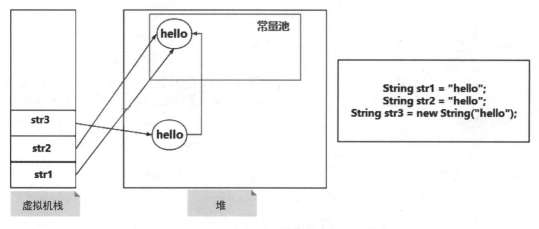

●图 1-12　JDK 1.7 及以后常量池在 JVM 堆中

```
String str1 = "hello";
String str2 = "helloworld";
String str3 = str1+"world";      //编译器不能确定为常量(会在堆区创建一个 String 对象)
String str4 = "hello"+"world";   //编译器确定为常量,直接到常量池中引用
System.out.println(str2==str3);    //false
System.out.println(str2==str4);    //true
System.out.println(str3==str4);    //false
```

　　str3 由于含有变量 str1, 编译器不能确定是常量, 会在堆区中创建一个 String 对象。而 str4 是两个常量相加, 直接引用常量池中的对象即可。

1.4.13　intern()方法

　　这是一个本地方法, 定义如下:

```
public native String intern();
```

　　当调用 intern 方法时, 如果池中已经包含一个与该 String 确定的字符串相同 equals(Object)的字符串, 则返回该字符串。否则, 将此 String 对象添加到池中, 并返回此对象的引用。

　　这句话表明了调用一个 String 对象的 intern()方法, 如果常量池中有该对象了, 直接返回该字符串的引用 (存在堆中就返回堆中, 存在池中就返回池中), 如果没有, 则将该对象添加到池中, 并返回池中的引用。如图 1-13 所示。

```
String str1 = "hello";              //字面量只会在常量池中创建对象
String str2 = str1.intern();
System.out.println(str1==str2);  //true

String str3 = new String("world"); //new 关键字只会在堆中创建对象
```

```
String str4 = str3.intern();
System.out.println(str3 == str4);   //false

String str5 = str1 + str2;          //变量拼接的字符串,会在常量池中和堆中都创建对象
String str6 = str5.intern();        //由于池中已经有对象了,直接返回的是对象本身,也
就是堆中的对象
System.out.println(str5 == str6);   //true

String str7 = "hello1" + "world1";  //常量拼接的字符串,只会在常量池中创建对象
String str8 = str7.intern();
System.out.println(str7 == str8);   //true
```

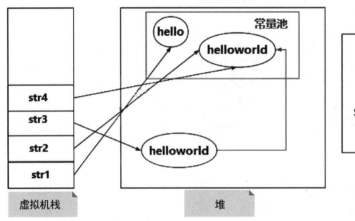

●图 1-13   JDK String intren 方法

1.4.14　String 真的不可变吗

　　前面介绍了 String 类是用 final 关键字修饰的，所以可以认为其是不可变对象。但是真的不可变吗?

　　每个字符串都是由许多单个字符组成的，其源码是由 char[] value 字符数组构成。

```
public final class String
    implements java.io.Serializable, Comparable<String>, CharSequence {
    private final char value[];

    private int hash; //Default to 0
```

　　value 被 final 修饰，只能保证引用不被改变，但是 value 所指向的堆中的数组，才是真实的数据，只要能够操作堆中的数组，依旧能改变数据。而且 value 是基本类型构成，那么一定是可变的，即使被声明为 private，也可以通过反射来改变。

```
String str = "vae";
```

```
//打印原字符串
System.out.println(str);        //vae
//获取 String 类中的 value 字段
FieldfieldStr = String.class.getDeclaredField("value");
//因为 value 被声明为 private,这里修改其访问权限
fieldStr.setAccessible(true);
//获取 str 对象上的 value 属性的值
char[] value = (char[])fieldStr.get(str);
//将第一个字符修改为 V(小写改大写)
value[0] = 'V';
//打印修改之后的字符串
System.out.println(str);        //Vae
```

通过前后两次打印的结果，可以看到 String 被改变了，但是在代码里，几乎不会使用反射的机制去操作 String 字符串，所以，会认为 String 类型是不可变的。

那么，String 类为什么要这样设计成不可变呢？可以从性能以及安全方面来考虑：

1）引发安全问题。譬如数据库的用户名、密码都是以字符串的形式传入来获得数据库的连接，或者在 Socket 编程中，主机名和端口都是以字符串的形式传入。因为字符串是不可变的，所以它的值是不可改变的，否则黑客可以改变字符串指向的对象的值，造成安全漏洞。

2）保证线程安全。在并发场景下，多个线程同时读写资源时，会引竞态条件，由于 String 是不可变的，不会引发线程的问题而保证了线程。

hashCode，当 String 被创建出来的时候，hashCode 也会随之被缓存，hashCode 的计算与 value 有关，若 String 可变，那么 hashCode 也会随之变化，针对 Map、Set 等容器，它们的键值需要保证唯一性和一致性，因此，String 的不可变性使其比其他对象更适合当容器的键值。

当字符串是不可变时，字符串常量池才有意义。字符串常量池的出现，可以减少创建相同字面量的字符串，让不同的引用指向池中同一个字符串，为运行时节约很多的堆内存。若字符串可变，则字符串常量池失去意义，基于常量池的 String.intern( ) 方法也失效，每次创建新的 String 将在堆内开辟出新的空间，占据更多的内存。

关于 Java 基础类：8 种基本数据类型的包装类，本书以 Integer 类为例。8 种基本数据类型的包装类除了 Character 和 Boolean 没有继承该类外，剩下的都继承了 Number 类，方法也很类似就不在此一一介绍。而 Object 贯穿了整个 Java，学习 Java 一定要用心理解。

1.5 本章小结

本章主要讲解了 Java 基础类的源码。首先，Object 贯穿了整个 Java，所以作为本章开篇重点讲解。其次，8 种基本数据类型的包装类除了 Character 和 Boolean 没有继承该类外，剩下的都继承了 Number 类，方法也很类似，本书以 Integer 类为例，不再逐一介绍。最后，详细讲解了 String 类的字段属性和方法。

第 2 章

Java 数据结构的实现集合类

本章重点介绍数据结构相关的类——集合类。集合类是 Java 数据结构的实现，如 ArrayList、LinkedList、HashMap 和 TreeMap 等。Java 的集合类是 java. util 包中的重要内容，它允许以各种方式将元素分组，并定义了各种使这些元素更容易操作的方法。它将 Java 一些基本的和使用频率极高的基础类进行封装和增强后再以一个类的形式提供。集合类里面可以保存多个对象的类，存放的是对象，不同的集合类有不同的功能和特点，适合不同的场合，用以解决一些实际问题。

Java 集合类如图 2-1 所示。

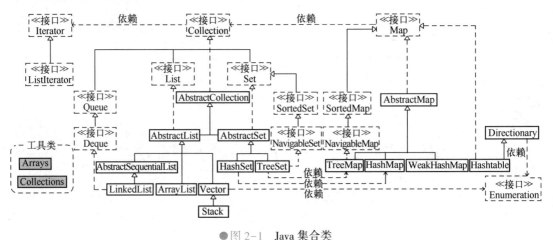

●图 2-1　Java 集合类

2.1　集合工具类的重要类——Arrays 类

Java. util. Arrays 类是 JDK 提供的一个工具类，用来处理数组的各种方法，而且每个方法基本上都是静态方法，能直接通过类名 Arrays 调用。

2.1.1　asList 方法

该方法的作用是返回由指定数组支持的固定大小列表。

```
public static <T> List<T>asList(T... a) {
    return newArrayList<>(a);
}
```

注意：

这个方法返回的 ArrayList 不是常用的集合类 Java. util. ArrayList。这里的 ArrayList 是 Arrays 的一个内部类 Java. util. Arrays. ArrayList。这个内部类有如下属性和方法：

1) 返回的 ArrayList 数组是一个定长列表，只能对其进行查看或者修改，但是不能进行添加或者删除操作。

如果对其进行增加或者删除操作，都会调用其父类 AbstractList 对应的方法，而追溯父类的方法最终会抛出 UnsupportedOperationException 异常。代码如下：

```
String[] str = {"a","b","c"};
List<String>listStr = Arrays.asList(str);
listStr.set(1, "e");                    //可以进行修改
System.out.println(listStr.toString());   //[a, e, c]
listStr.add("a");  //添加元素会报错 java.lang.UnsupportedOperationException
```

```
Failures: 0

Failure Trace
java.lang.UnsupportedOperationException
   at java.util.AbstractList.add(AbstractList.java:148)
   at java.util.AbstractList.add(AbstractList.java:108)
   at com.ys.test.JDKTest.testArrays(JDKTest.java:55)
```

2）用类型的数组和基本类型的数组区别。

```
String[] str = {"a","b","c"};
ListlistStr = Arrays.asList(str);
System.out.println(listStr.size());      //3

int[] i = {1,2,3};
ListlistI = Arrays.asList(i);
System.out.println(listI.size());        //1
```

上面的结果第一个 listStr. size( )＝＝3，而第二个 listI. size( )＝＝1。这是为什么呢？

在 Arrays. asList 源码中，方法声明为<T> List<T> asList(T... a)。该方法接收一个可变参数，并且这个可变参数类型是作为泛型的参数。基本数据类型是不能作为泛型的参数的，但是数组是引用类型，所以数组是可以泛型化的，于是 int[ ]作为整个参数类型，而不是 int 作为参数类型。

所以将上面的方法泛型化补全，代码如下。

```
String[] str = {"a","b","c"};
List<String>listStr = Arrays.asList(str);
System.out.println(listStr.size());      //3

int[] i = {1,2,3};
List<int[]>listI = Arrays.asList(i);      //注意这里 List 参数为 int[] ,而不是 int
System.out.println(listI.size());         //1

Integer[] in = {1,2,3};
List<Integer>listIn = Arrays.asList(in);//这里参数为 int 的包装类 Integer,所以集
合长度为 3
System.out.println(listIn.size());        //3
```

3）返回的列表 ArrayList 里面的元素都是引用，不是独立出来的对象。

```
String[] str = {"a","b","c"};
List<String>listStr = Arrays.asList(str);
 //执行更新操作前
System.out.println(Arrays.toString(str));     //[a, b, c]
listStr.set(0, "d");                                      //将第一个元素 a 改为 d
 //执行更新操作后
System.out.println(Arrays.toString(str));     //[d, b, c]
```

这里的 Arrays. toString( )方法就是打印数组的内容，后面会介绍。这里修改集合的内容，原数组的内容也发生变化了，所以这里传入的是引用类型。

4）已知数组数据，如何快速获取一个可进行增删改查的列表 List？

```
String[] str = {"a","b","c"};
List<String>listStr = new ArrayList<>(Arrays.asList(str));
listStr.add("d");
System.out.println(listStr.size());       //4
```

这里的 ArrayList 集合类后面会详细讲解，目前只需要知道有这种用法即可。

5）Arrays. asList( )方法使用场景。

Arrays 工具类提供了一个方法 asList，使用该方法可以将一个变长参数或者数组转换成 List。但是，生成的 List 的长度是固定的；能够进行修改操作（比如修改某个位置的元素）；不能执行影响长度的操作（如 add、remove 等操作），否则会抛出 UnsupportedOperationException 异常。

所以 Arrays. asList 比较适合那些已经有数组数据或者一些元素，而需要快速构建一个 List，只用于读取操作，而不进行添加或删除操作的场景。

2.1.2　sort 方法

该方法是用于数组排序，在 Arrays 类中有该方法的一系列重载方法，它能对 7 种基本

数据类型,包括 byte、char、double、float、int、long、short 进行排序,还有 Object 类型(实现了 Comparable 接口)以及比较器 Comparator。

```
sort
  ▲ ⓖ Arrays
    ● ˢ sort(int[]) : void
    ● ˢ sort(int[], int, int) : void
    ● ˢ sort(long[]) : void
    ● ˢ sort(long[], int, int) : void
    ● ˢ sort(short[]) : void
    ● ˢ sort(short[], int, int) : void
    ● ˢ sort(char[]) : void
    ● ˢ sort(char[], int, int) : void
    ● ˢ sort(byte[]) : void
    ● ˢ sort(byte[], int, int) : void
    ● ˢ sort(float[]) : void
    ● ˢ sort(float[], int, int) : void
    ● ˢ sort(double[]) : void
    ● ˢ sort(double[], int, int) : void
    ● ˢ sort(Object[]) : void
    ● ˢ sort(Object[], int, int) : void
    ● ˢ sort(T[], Comparator<? super T>) <T> : void
    ● ˢ sort(T[], int, int, Comparator<? super T>) <T> : void
```

1. 基本类型数组

这里以 int[ ] 为例:

```
int [] num = {1,3,8,5,2,4,6,7};
Arrays.sort(num);
System.out.println(Arrays.toString(num));  //[1, 2, 3, 4, 5, 6, 7, 8]
```

通过调用 sort(int[ ] a)方法,将原数组按照升序的顺序排列。下面通过源码来看如何实现排序,sort 方法代码如下所示。

```
public static void sort(int[] a) {
    DualPivotQuicksort.sort(a, 0, a.length - 1, null, 0, 0);
}
```

在 Arrays.sort 方法内部调用 DualPivotQuicksort.sort 方法,这个方法的源码很长,分别对于数组的长度进行了各种算法的划分,包括快速排序、插入排序、冒泡排序等。读者可以在源码当中认真阅读。

2. 对象类型数组

该类型的数组进行排序可以实现 Comparable 接口,重写 compareTo 方法进行排序。

```
String[] str = {"a","f","c","d"};
Arrays.sort(str);
System.out.println(Arrays.toString(str));    //[a, c, d, f]
```

String 类型实现了 Comparable 接口,内部的 compareTo 方法是按照字典码进行比较的。

3. Comparator 自定义排序

没有实现 Comparable 接口的,可以通过 Comparator 实现排序。

```
Person[] p = new Person[]{new Person("zhangsan",22),new Person("wangwu",11),new
Person("lisi",33)};
```

```
Arrays.sort(p,new Comparator<Person>() {
    @Override
    public int compare(Person o1, Person o2) {
        if(o1 == null ||o2 == null){
            return 0;
        }
        return o1.getPage()-o2.getPage();
    }
});
System.out.println(Arrays.toString(p));
```

2.1.3　binarySearch 方法

用 binarySearch 方法查找数组中的某个元素。该方法和 sort 方法一样，适用于各种基本数据类型以及对象。

注意：

binarySearch 方法是对已经有序的数组进行查找（比如先用 Arrays. sort( )进行排序，然后调用此方法进行查找)。找到元素返回下标，没有则返回 -1。

实例代码如下：

```
int[] num = {1,3,8,5,2,4,6,7};
Arrays.sort(num);
System.out.println(Arrays.toString(num));        //[1, 2, 3, 4, 5, 6, 7, 8]
System.out.println(Arrays.binarySearch(num, 2)); //返回元素的下标 1
```

具体源码实现如下：

```
public static intbinarySearch(int[] a, int key) {
    returnbinarySearch0(a, 0, a.length, key);
}
private static intbinarySearch0(int[] a, int fromIndex, int toIndex,int key) {
    int low =fromIndex;
    int high =toIndex - 1;

    while (low <= high) {
        int mid = (low + high) >>> 1;   //取中间值下标
        intmidVal = a[mid];             //取中间值

        if (midVal < key)
        low = mid + 1;
```

```
        else if (midVal > key)
        high = mid - 1;
        else
        return mid;
    }
    return -(low + 1);
}
```

2.1.4 copyOf 方法

copyOf 方法用于拷贝数组元素。底层采用 System. arraycopy ( ) 实现，这是一个 native 方法。

```
public static native voidarraycopy(Object src,  int   srcPos,Object dest, int
destPos,int length);
```

src：源数组；
srcPos：源数组要复制的起始位置；
dest：目的数组；
destPos：目的数组放置的起始位置；
length：复制的长度。

注意：

src 和 dest 都必须是同类型或者可以进行转换类型的数组。

```
int[] num1 = {1,2,3};
int[] num2 = new int[3];
System.arraycopy(num1, 0, num2, 0, num1.length);
System.out.println(Arrays.toString(num2));  //[1, 2, 3]
/* *
    * @param original 源数组
    * @param newLength                      //返回新数组的长度
    * @return
    */
    public static int[]copyOf(int[] original, int newLength) {
        int[] copy = new int[newLength];
        System.arraycopy(original, 0, copy, 0,
                    Math.min(original.length,newLength));
        return copy;
    }
```

2. 1. 5   equals 和 deepEquals 方法

1. equals

equals 用来比较两个数组中对应位置的每个元素是否相等。

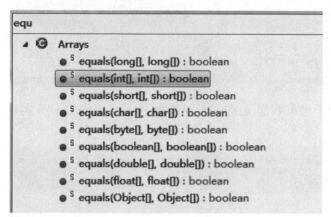

equals 对 8 种基本数据类型以及对象都能进行比较。

先看 int 类型的数组比较，源码实现如下：

```
public static boolean equals(int[] a, int[] a2) {
    if (a==a2)                     //数组引用相等,则里面的元素一定相等
        return true;
    if (a==null || a2==null)       //两个数组其中一个为 null,返回 false
        return false;


    int length = a.length;
    if (a2.length != length)       //两个数组长度不等,返回 false
        return false;


    for (int i=0; i<length; i++)   //通过 for 循环依次比较数组中每个元素是否相等
        if (a[i] != a2[i])
            return false;


    return true;
}
```

再看对象数组的比较：

```
public static boolean equals(Object[] a, Object[] a2) {
    if (a==a2)
        return true;
    if (a==null || a2==null)
```

```
        return false;

    int length = a.length;
    if (a2.length != length)
        return false;

    for (int i = 0; i<length; i++) {
        Object o1 = a[i];
        Object o2 = a2[i];
        if (!(o1==null ? o2==null : o1.equals(o2)))
            return false;
    }

    return true;
}
```

上述代码也是通过 equals 来判断。

2. deepEquals

该方法也是用来比较两个数组的元素是否相等，不过 deepEquals 能够比较多维数组，而且是任意层次的嵌套数组。

```
String[][] name1 = {{ "G","a","o" },{ "H","u","a","n"},{ "j","i","e"}};
String[][] name2 = {{ "G","a","o" },{ "H","u","a","n"},{ "j","i","e"}};
System.out.println(Arrays.equals(name1,name2));        //false
System.out.println(Arrays.deepEquals(name1,name2));    //true
```

2.1.6　fill 方法

该方法用于给数组赋值，并能指定某个赋值范围。

```
//给 a 数组所有元素赋值 val
  public static void fill(int[] a, int val) {
      for (int i = 0, len = a.length; i < len; i++)
          a[i] = val;
  }

  //给从 fromIndex 开始的下标,toIndex-1 结尾的下标都赋值 val,左闭右开
  public static void fill(int[] a, intfromIndex, int toIndex, int val) {
rangeCheck(a.length, fromIndex, toIndex);//判断范围是否合理
      for (int i =fromIndex; i < toIndex; i++)
          a[i] = val;
  }
```

2.1.7 toString 和 deepToString 方法

toString 用来打印一维数组的元素，而 deepToString 用来打印多层次嵌套的数组元素。

```java
public static String toString(int[] a) {
    if (a == null)
        return "null";
    int iMax = a.length - 1;
    if (iMax == -1)
        return "[]";

    StringBuilder b = new StringBuilder();
    b.append('[');
    for (int i = 0; ; i++) {
        b.append(a[i]);
        if (i == iMax)
            return b.append(']').toString();
        b.append(", ");
    }
}
```

2.2 List 集合的一种典型实现——ArrayList 类

ArrayList 就是动态数组，用 MSDN 中的说法，就是 Array 的复杂版本，它提供了如下一些好处：动态地增加和减少元素，实现了 ICollection 和 IList 接口以及灵活地设置数组的大小。在面试时候通常会被问到：数组和 ArrayList 的区别是什么？ArrayList 的底层是什么？ArrayList 线程是否安全，为什么？

关于这些问题，熟悉源码后就迎刃而解了。本节将重点介绍 ArrayList 类是如何实现的。

2.2.1 ArrayList 定义

ArrayList 是一个用数组实现的集合，支持随机访问，元素有序且可以重复。ArrayList 类结构如图 2-2 所示。

```java
public classArrayList<E> extends AbstractList<E>
    implements List<E>,RandomAccess, Cloneable, java.io.Serializable
```

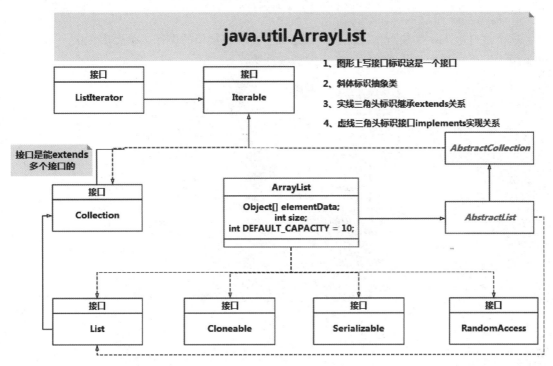

●图 2-2   ArrayList 类结构图

1. 实现 RandomAccess 接口

这是一个标记接口，一般此标记接口用于 List 实现，以表明它们支持快速（通常是恒定时间）的随机访问。该接口的主要目的是允许通用算法改变其行为，以便在应用于随机或顺序访问列表时提供良好的性能。

比如在工具类 Collections（这个工具类后面会详细讲解）中，应用二分查找方法可以判断是否实现了 RandomAccess 接口：

```
intbinarySearch(List<? extends Comparable<? super T>> list, T key) {
    if (listinstanceof RandomAccess ||list.size()<BINARYSEARCH_THRESHOLD)
        return Collections.indexedBinarySearch(list, key);
    else
        return Collections.iteratorBinarySearch(list, key);
}
```

2. 实现 Cloneable 接口

这个类是 Java. lang. Cloneable，学习 Java 深拷贝和浅拷贝原理时，知道浅拷贝可以通过调用 Object. clone( )方法来实现，但是调用该方法的对象必须要实现 Cloneable 接口，否则会抛出 CloneNoSupportException 异常。

Cloneable 和 RandomAccess 接口也是一个标记接口，接口内无任何方法体和常量的声明，如果想克隆对象，必须要实现 Cloneable 接口，表明该类是可以被克隆的。

3. 实现 Serializable 接口

该接口也是标记接口，表示能被序列化。

4. 实现 List 接口

这个接口是 List 类集合的上层接口，定义了实现该接口的类都必须要实现的一组方法，如下所示，下面对这一系列方法的实现做详细介绍。

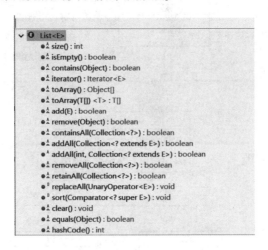

2.2.2 字段属性

字段属性代码如下：

```
//集合的默认大小
private static final int DEFAULT_CAPACITY = 10;
//空的数组实例
private static final Object[] EMPTY_ELEMENTDATA = {};
//这也是一个空的数组实例,和 EMPTY_ELEMENTDATA 空数组相比是用于了解添加元素时数组膨胀
多少
private static final Object[] DEFAULTCAPACITY_EMPTY_ELEMENTDATA = {};
//存储 ArrayList 集合的元素,集合的长度即这个数组的长度
//1.当 elementData == DEFAULTCAPACITY_EMPTY_ELEMENTDATA 时将会清空 ArrayList
//2.当添加第一个元素时,elementData 长度会扩展为 DEFAULT_CAPACITY=10
transient Object[]elementData;
//表示集合的长度
private int size;
```

2.2.3 构造函数

构造函数代码如下：

```
publicArrayList(){
    this.elementData = DEFAULTCAPACITY_EMPTY_ELEMENTDATA;
}
```

此无参构造函数将创建一个 DEFAULTCAPACITY_EMPTY_ELEMENTDATA 声明的数组，注意此时初始容量是 0，而不是很多人认为的 10。

注意：

根据默认构造函数创建的集合，ArrayList list = new ArrayList( )；此时集合长度是 0。

```java
publicArrayList(int initialCapacity) {
    if (initialCapacity > 0) {
        this.elementData = new Object[initialCapacity];
    } else if (initialCapacity == 0) {
        this.elementData = EMPTY_ELEMENTDATA;
    } else {
        throw new IllegalArgumentException("Illegal Capacity: "+
                                            initialCapacity);
    }
}
```

初始化集合大小创建 ArrayList 集合。当大于 0 时，给定多少就创建多大的数组；当等于 0 时，创建一个空数组；当小于 0 时，抛出异常。

```java
publicArrayList(Collection<? extends E> c) {
    elementData = c.toArray();
    if ((size =elementData.length) != 0) {
        //c.toArray might (incorrectly) not return Object[] (see 6260652)
        if (elementData.getClass() != Object[].class)
            elementData = Arrays.copyOf(elementData, size, Object[].class);
    } else {
        //replace with empty array.
        this.elementData = EMPTY_ELEMENTDATA;
    }
}
```

以上代码即将已有的集合复制到 ArrayList。

2.2.4　添加元素

通过前面的字段属性和构造函数，可以看出 ArrayList 集合是由数组构成的，那么向 ArrayList 中添加元素，也就是向数组赋值。众所周知一个数组的声明是能确定大小的，而使用 ArrayList 时，需要能添加任意多个元素，这就涉及数组的扩容。

扩容的核心方法就是调用 Arrays.copyOf 方法，来创建一个更大的数组，然后将原数组元素拷贝过去即可。下面看具体实现：

```java
public boolean add(E e) {
    ensureCapacityInternal(size + 1);   //添加元素之前,首先要确定集合的大小
```

```
    elementData[size++] = e;
    return true;
}
```

如上所示，在通过调用 add 方法添加元素之前，要首先调用 ensureCapacityInternal 方法来确定集合的大小，如果集合满了，则要进行扩容操作。

```
private void ensureCapacityInternal(int minCapacity) {//这里的 minCapacity 是集合当前大小+1
    //elementData 是实际用来存储元素的数组,注意数组的大小和集合的大小不是相等的,前面的 size 是指集合大小
    ensureExplicitCapacity(calculateCapacity(elementData, minCapacity));
}
private static int calculateCapacity(Object[] elementData, int minCapacity) {
    if (elementData == DEFAULTCAPACITY_EMPTY_ELEMENTDATA) {//如果数组为空,则从 size+1 的值和默认值 10 中取最大的
        return Math.max(DEFAULT_CAPACITY, minCapacity);
    }
    return minCapacity;//不为空,则返回 size+1
}
private void ensureExplicitCapacity(int minCapacity) {
    modCount++;

    //overflow-conscious code
    if (minCapacity - elementData.length > 0)
        grow(minCapacity);
}
```

在 ensureExplicitCapacity 方法中，首先对修改次数 modCount 加一，这里的 modCount 给 ArrayList 的迭代器使用，在并发操作被修改时，提供快速失败行为（保证 modCount 在迭代期间不变，否则抛出 ConcurrentModificationException 异常），可以查看源码 865 行，接着判断 minCapacity 是否大于当前 ArrayList 内部数组长度，大于则调用 grow 方法对内部数组 elementData 扩容，grow 方法代码如下：

```
private void grow(int minCapacity) {
    int oldCapacity = elementData.length;//得到原始数组的长度
    int newCapacity = oldCapacity + (oldCapacity >> 1);//新数组的长度等于原数组长度的 1.5 倍
    if (newCapacity - minCapacity < 0)//当新数组长度仍然比 minCapacity 小,则为保证最小长度,新数组等于 minCapacity
        newCapacity = minCapacity;
    //MAX_ARRAY_SIZE = Integer.MAX_VALUE - 8 = 2147483639
    if (newCapacity - MAX_ARRAY_SIZE > 0)//当得到的新数组长度比 MAX_ARRAY_SIZE 大时,调用 hugeCapacity 处理大数组
```

```
        newCapacity = hugeCapacity(minCapacity);
    //调用 Arrays.copyOf 将原数组拷贝到一个大小为 newCapacity 的新数组(注意是拷贝引用)
elementData = Arrays.copyOf(elementData, newCapacity);
    }

    private static inthugeCapacity(int minCapacity) {
        if (minCapacity < 0) //
            throw newOutOfMemoryError();
        return (minCapacity > MAX_ARRAY_SIZE) ? //minCapacity > MAX_ARRAY_SIZE,
则新数组大小为 Integer.MAX_VALUE
            Integer.MAX_VALUE :
          MAX_ARRAY_SIZE;
    }
```

对于 ArrayList 集合添加元素，总结如下：

1）当通过 ArrayList( )构造一个空集合，初始长度是为 0 的，第 1 次添加元素，会创建一个长度为 10 的数组，并将该元素赋值到数组的第一个位置。

2）第 2 次添加元素，集合不为空，而且由于集合的长度 size+1 是小于数组的长度 10，所以直接添加元素到数组的第二个位置，不用扩容。

3）第 11 次添加元素，此时 size+1 = 11，而数组长度是 10，这时候创建一个长度为 10 +10 * 0.5 = 15 的数组（扩容 1.5 倍），然后将原数组元素引用拷贝到新数组。并将第 11 次添加的元素赋值到新数组下标为 10 的位置。

4）第 Integer. MAX_VALUE − 8 = 2147483639，然后 2147483639% 1. 5 = 1431655759 （这个数是要进行扩容）次添加元素，为了防止溢出，此时会直接创建一个 1431655759+1 大小的数组，这样一直，每次添加一个元素，都只扩大一个范围。

5）第 Integer. MAX_VALUE − 7 次添加元素时，创建一个大小为 Integer. MAX_VALUE 的数组，在进行元素添加。

6）第 Integer. MAX_VALUE + 1 次添加元素时，抛出 OutOfMemoryError 异常。

注意：

可以向集合中添加 null，因为数组可以有 null 值存在。

2.2.5　删除元素

1. 根据索引删除元素

remove(int index)方法表示删除索引 index 处的元素，首先通过 rangeCheck(index)方法判断给定索引的范围，超过集合大小则抛出异常；接着通过 System. arraycopy 方法对数组进行自身拷贝。

```
public E remove(int index) {
    rangeCheck(index);
```

```
    modCount++;
    EoldValue = elementData(index);

    intnumMoved = size - index - 1;
    if (numMoved > 0)
        System.arraycopy(elementData, index+1, elementData, index,
                            numMoved);
    elementData[--size] = null; //clear to let GC do its work

    returnoldValue;
}
```

2. 直接删除指定元素

remove(Object o)方法是删除第一次出现的该元素。然后通过 System. arraycopy 进行数组自身拷贝。

```
public boolean remove(Object o) {
    if (o == null) {
        for (int index = 0; index < size; index++)
            if (elementData[index] == null) {
                fastRemove(index);
                return true;
            }
    } else {
        for (int index = 0; index < size; index++)
            if (o.equals(elementData[index])) {
                fastRemove(index);
                return true;
            }
    }
    return false;
}
```

2.2.6 修改元素

通过调用 set(int index，E element)方法将指定索引 index 处的元素替换为 element，并返回原数组的元素。

```
public E set(int index, E element) {
    rangeCheck(index);                        //检查索引是否合法
```

```
    EoldValue = elementData(index);          //获得原数组指定索引的元素
    elementData[index] = element;            //将指定所引处的元素替换为 element
    returnoldValue;                          //返回原数组索引元素
}
```

2.2.7 查找元素

1. 根据索引查找元素

```
public E get(int index) {
    rangeCheck(index);

    returnelementData(index);
}
```

同理，该方法首先还是判断给定索引的合理性，然后直接返回处于该下标位置的数组元素。

2. 根据元素查找索引

```
public intindexOf(Object o) {
    if (o == null) {
        for (int i = 0; i < size; i++)
            if (elementData[i]==null)
                return i;
    } else {
        for (int i = 0; i < size; i++)
            if (o.equals(elementData[i]))
                return i;
    }
    return -1;
}
```

> **注意：**

indexOf(Object o)方法是返回第一次出现该元素的下标，如果没有则返回 -1。
还有 lastIndexOf(Object o)方法是返回最后一次出现该元素的下标。

```
public intlastIndexOf(Object o) {
    if (o == null) {
        for (int i = size-1; i >= 0; i--)
            if (elementData[i]==null)
                return i;
    } else {
        for (int i = size-1; i >= 0; i--)
```

```
            if (o.equals(elementData[i]))
                return i;
    }
    return -1;
}
```

2.2.8 遍历集合

1. 普通 for 循环遍历

前面介绍查找元素时，可以通过 get(int index)方法，根据索引查找元素，普通 for 循环遍历同理。

```
ArrayList list = new ArrayList();
    list.add("a");
    list.add("b");
    list.add("c");
    for(int i = 0 ; i < list.size() ; i++){
        System.out.print(list.get(i)+" ");
}
```

2. 迭代器 iterator

先看看 ArrayList 的具体用法，代码如下所示。

```
ArrayList<String> list = new ArrayList<>();
    list.add("a");
    list.add("b");
    list.add("c");
    Iterator<String> it = list.iterator();
    while(it.hasNext()){
        String str = it.next();
        System.out.print(str+" ");
    }
```

在介绍 ArrayList 时，该类实现了 List 接口，而 List 接口又继承了 Collection 接口，Collection 接口又继承了 Iterable 接口，该接口有个 Iterator<T> iterator( )方法，能获取 Iterator 对象，并能用该对象进行集合遍历，为什么能用该对象进行集合遍历？先看看 ArrayList 类中的返回方法，代码如下所示。

```
publicIterator<E> iterator() {
    return new Itr();
 }
```

该方法是返回一个 Itr 对象，这个类是 ArrayList 的内部类。

```java
private class Itr implementsIterator<E> {
    int cursor;          //游标,下一个要返回的元素的索引
    intlastRet = -1; //返回最后一个元素的索引;如果没有返回-1.
    intexpectedModCount = modCount;
    Itr() {}

    //通过 cursor != size 判断是否还有下一个元素
    public booleanhasNext() {
        return cursor != size;
    }

    @SuppressWarnings("unchecked")
    public E next() {
        checkForComodification();//迭代器进行元素迭代时同时进行增加和删除操作,会抛
出异常
        int i = cursor;
        if (i >= size)
            throw new NoSuchElementException();
        Object[]elementData = ArrayList.this.elementData;
        if (i >=elementData.length)
            throw new ConcurrentModificationException();
        cursor = i + 1;          //游标向后移动一位
        return (E)elementData[lastRet = i]; //返回索引为 i 处的元素,并将 lastRet 赋
值为 i
    }

    public void remove() {
        if (lastRet < 0)
            throw new IllegalStateException();
        checkForComodification();

        try {
            ArrayList.this.remove(lastRet);//调用 ArrayList 的 remove 方法删除
元素
            cursor =lastRet;//游标指向删除元素的位置,本来是 lastRet+1,这里删除一个
元素,然后游标就不变了
            lastRet = -1;//lastRet 恢复默认值-1
            expectedModCount = modCount;//expectedModCount 值和 modCount 同步,因
为进行 add 和 remove 操作,modCount 会加 1
        } catch (IndexOutOfBoundsException ex) {
            throw new ConcurrentModificationException();
        }
```

```
    }

    @Override
    @SuppressWarnings("unchecked")
    public voidforEachRemaining (Consumer <? super E > consumer) {// 便于进行
forEach 循环
        Objects.requireNonNull(consumer);
        final int size =ArrayList.this.size;
        int i = cursor;
        if (i >= size) {
            return;
        }
        final Object []elementData = ArrayList.this.elementData;
        if (i >=elementData.length) {
            throw new ConcurrentModificationException();
        }
        while (i != size &&modCount == expectedModCount) {
            consumer.accept((E)elementData[i++]);
        }
        //update once at end of iteration to reduce heap write traffic
        cursor = i;
        lastRet = i – 1;
        checkForComodification();
    }

    //前面在新增元素 add() 和 删除元素 remove() 时,可以看到 modCount++,修改 set() 是不
出现的
    //即不能在迭代器进行元素迭代时进行增加和删除操作,否则抛出异常
    final void checkForComodification() {
        if (modCount != expectedModCount)
            throw new ConcurrentModificationException();
    }
}
```

注意：

在进行 next( )方法调用的时候，会进行 checkForComodification( )调用，该方法表示迭代器进行元素迭代时，如果同时进行增加和删除操作，会抛出 ConcurrentModification Exception 异常。比如：

```
ArrayList<String> list = new ArrayList<>();
list.add("a");
list.add("b");
```

```
list.add("c");
Iterator<String> it = list.iterator();
while(it.hasNext()){
    String str = it.next();
    System.out.print(str+" ");
    list.remove(str);//集合遍历时进行删除或者新增操作,都会抛出 ConcurrentModifica-
tionException 异常
    //list.add(str);
    //list.set(0, str);//修改操作不会造成异常
}
```

```
J java.util.ConcurrentModificationException
  at java.util.ArrayList$Itr.checkForComodification(ArrayList.java:909)
  at java.util.ArrayList$Itr.next(ArrayList.java:859)
  at TestArrayList.testiterator2(TestArrayList.java:45)
  at java.util.stream.ForEachOps$ForEachOp$OfRef.accept(ForEachOps.java:184)
  at java.util.stream.ReferencePipeline$2$1.accept(ReferencePipeline.java:175)
  at java.util.Iterator.forEachRemaining(Iterator.java:116)
  at java.util.Spliterators$IteratorSpliterator.forEachRemaining(Spliterators.java:1801)
  at java.util.stream.AbstractPipeline.copyInto(AbstractPipeline.java:481)
  at java.util.stream.AbstractPipeline.wrapAndCopyInto(AbstractPipeline.java:471)
  at java.util.stream.ForEachOps$ForEachOp.evaluateSequential(ForEachOps.java:151)
  at java.util.stream.ForEachOps$ForEachOp$OfRef.evaluateSequential(ForEachOps.java:174)
  at java.util.stream.AbstractPipeline.evaluate(AbstractPipeline.java:234)
  at java.util.stream.ReferencePipeline.forEach(ReferencePipeline.java:418)
```

解决办法是不调用 ArrayList. remove( )方法，转而调用迭代器的 remove( )方法。

```
ArrayList<String> list = new ArrayList<>();
    list.add("a");
    list.add("b");
    list.add("c");
    Iterator<String> it = list.iterator();
    while(it.hasNext()){
        String str = it.next();
        System.out.print(str+" ");
      //list.remove(str);
    //list.add(str);
    //list.set(0, str);//修改操作不会造成异常
    it.remove();
    }
```

迭代器的变种 forEach
```
ArrayList<String> list = new ArrayList<>();
    list.add("a");
```

```
        list.add("b");
        list.add("c");
        for(String str : list){
            System.out.print(str + " ");
        }
```

这种语法可以看成是 JDK 的一种语法糖，通过反编译 class 文件，可以看到生成的 Java 文件，其具体实现还是通过调用 Iterator 迭代器进行遍历。示例代码如下所示。

```
ArrayList<String> list = new ArrayList<>();
        list.add("a");
        list.add("b");
        list.add("c");
        String str;
         for (Iterator iterator1 = list.iterator(); iterator1.hasNext(); Sys-
tem.out.print((new StringBuilder(String.valueOf(str))).append(" ").toString
()))
            str = (String)iterator1.next();
```

3. 迭代器 ListIterator

还是先看看 ArrayList 具体用法，示例代码如下所示。

```
ArrayList<String> list = new ArrayList<>();
list.add("a");
list.add("b");
list.add("c");
ListIterator<String> listIt = list.listIterator();

//向后遍历
while(listIt.hasNext()){
    System.out.print(listIt.next()+" ");//a b c
}
System.out.println("===============");
//向后前遍历,此时由于前面进行了向后遍历,游标已经指向了最后一个元素,所以此处向前遍历所
有值
while(listIt.hasPrevious()){
    System.out.print(listIt.previous()+" "); //c b a
}
```

ArrayList 还能实现一边遍历，一边进行新增或者删除操作：

```
    ArrayList<String> list = new ArrayList<>();
    list.add("a");
    list.add("b");
    list.add("c");
```

```
ListIterator<String> listIt = list.listIterator();

//向后遍历
while(listIt.hasNext()){
    System.out.print(listIt.next()+" ");//a b c
    listIt.add("1");//在每一个元素后面增加一个元素 "1"
}

System.out.println("####");

//向后前遍历,此时由于前面进行了向后遍历,游标已经指向了最后一个元素,所以此处向前遍
历所有值
    while(listIt.hasPrevious()){
System.out.print(listIt.previous()+" ");//1 c 1 b 1 a
    }
```

也就是说相比于 Iterator 迭代器，这里的 ListIterator 多出了能向前迭代以及能够新增元素。示例代码如下所示。

对于 Iterator 迭代器，查看 JDK 源码，发现还有 ListIterator 接口继承了 Iterator。

```
public interfaceListIterator<E> extends Iterator<E>
```

该接口有如下方法：

- ◆ **ListIterator<E>**
  - add(E) : void
  - hasNext() : boolean
  - hasPrevious() : boolean
  - next() : E
  - nextIndex() : int
  - previous() : E
  - previousIndex() : int
  - remove() : void
  - set(E) : void

在 ArrayList 类中，有如下方法可以获得 ListIterator 接口。

```
publicListIterator<E> listIterator() {
    return newListItr(0);
}
```

这里的 ListItr 也是一个内部类。

```
    //注意内部类 ListItr 继承了另一个内部类 Itr
  private classListItr extends Itr implements ListIterator<E> {
      ListItr(int index) {              //构造函数,进行游标初始化
          super();
          cursor = index;
```

```
        }
    public booleanhasPrevious() {                    //判断是否有上一个元素
        return cursor != 0;
    }

    public intnextIndex() {                          //返回下一个元素的索引
        return cursor;
    }

    public intpreviousIndex() {                      //返回上一个元素的索引
        return cursor - 1;
    }

    //该方法获取当前索引的上一个元素
    @SuppressWarnings("unchecked")
    public E previous() {
        checkForComodification();//迭代器进行元素迭代时同时进行增加和删除操作,会抛
出异常
        int i = cursor - 1;
        if (i < 0)
            throw new NoSuchElementException();
        Object[]elementData = ArrayList.this.elementData;
        if (i >=elementData.length)
            throw new ConcurrentModificationException();
        cursor = i;                                  //游标指向上一个元素
        return (E)elementData[lastRet = i];  //返回上一个元素的值
    }

    public void set(E e) {
        if (lastRet < 0)
            throw new IllegalStateException();
        checkForComodification();

        try {
            ArrayList.this.set(lastRet, e);
        } catch (IndexOutOfBoundsException ex) {
            throw new ConcurrentModificationException();
        }
    }

    //相比于迭代器 Iterator,这里多了一个新增操作
    public void add(E e) {
```

```
            checkForComodification();

            try {
                int i = cursor;
                ArrayList.this.add(i, e);
                cursor = i + 1;
                lastRet = -1;
                expectedModCount = modCount;
            } catch (IndexOutOfBoundsException ex) {
                throw new ConcurrentModificationException();
            }
        }
    }
```

2. 2. 9　SubList 方法

在 ArrayList 中有这样一个方法：

```
public List<E>subList(int fromIndex, int toIndex) {
subListRangeCheck(fromIndex, toIndex, size);
    return newSubList(this, 0, fromIndex, toIndex);
}
```

该方法作用是返回从 fromIndex（包括）开始的下标，到 toIndex（不包括）结束的下标之间的元素视图。示例代码如下所示。

```
ArrayList<String> list = new ArrayList<>();
list.add("a");
list.add("b");
list.add("c");

List<String>subList = list.subList(0, 1);
for(String str :subList){
    System.out.print(str + " ");//a
}
```

这里出现了 SubList 类，这也是 ArrayList 中的一个内部类。

注意：

返回的是原集合的视图，也就是说，如果对 SubList 类中出来的集合进行修改或新增操作，那么原始集合也会发生同样的操作。

```
ArrayList<String> list = new ArrayList<>();
```

```
list.add("a");
list.add("b");
list.add("c");

List<String>subList = list.subList(0,1);
for(String str :subList){
    System.out.print(str + " ");          //a
}
subList.add("d");
System.out.println(subList.size());       //2
System.out.println(list.size());              //4,原始集合长度也增加了
```

如想要独立出来一个集合，解决办法如下：

```
List<String>subList = new ArrayList<>(list.subList(0,1));
```

2.2.10　size()方法

通过 size()方法返回集合的长度，一般是指元素的数量，代码如下所示。

```
public int size() {
      return size;
  }
```

———————— 注意：————————————————————————————————

返回集合的长度，而不是数组的长度，这里的 size 就是定义的全局变量。

2.2.11　isEmpty()方法

这个方法是判断集合是否为空，代码如下所示。

```
public boolean isEmpty() {
    return size == 0;
}
```

返回 size == 0 的结果。

2.2.12　trimToSize()方法

该方法用于回收多余的内存。即一旦确定集合不在添加多余的元素之后，调用 trimToSize()方法会将实现集合的数组大小刚好调整为集合元素的大小。

```
public void trimToSize() {
modCount++;
    if (size <elementData.length) {
        elementData = (size == 0)
          ? EMPTY_ELEMENTDATA
          : Arrays.copyOf(elementData, size);
    }
}
```

注意:

该方法会花时间来复制数组元素, 所以应该在确定不会添加元素之后再调用。

2.3 List 集合的另一种典型实现——LinkedList 类

上一节介绍了 List 集合的一种典型实现 ArrayList, 明白了 ArrayList 是由数组构成的, 本节介绍 List 集合的另一种典型实现——LinkedList 类, 这是一个由链表构成的类。

链表 (Linked list) 是一种常见的基础数据结构, 是一种线性表, 但是它并不会按线性的顺序存储数据, 而是在每一个节点里存储到下一个节点的指针 (Pointer)。

使用链表结构可以克服数组链表需要预先知道数据大小的缺点, 链表结构可以充分利用计算机内存空间, 实现灵活的内存动态管理。但是链表失去了数组随机读取数据的优点, 同时链表由于增加了节点的指针域, 空间开销比较大。

了解完链表后, 下面给出 LinkedList 的定义。

2.3.1 LinkedList 定义

LinkedList 是一个用链表实现的集合, 元素有序且可以重复。LinkedList 类结构如图 2-3 所示。

```
public classLinkedList<E>
    extends AbstractSequentialList<E>
    implements List<E>, Deque<E>,Cloneable, java.io.Serializable
```

和 ArrayList 集合一样, LinkedList 集合也实现了 Cloneable 接口和 Serializable 接口, 分别用来支持克隆以及支持序列化。List 接口则定义了一套 List 集合类型的方法规范。

注意:

相对于 ArrayList 集合, LinkedList 集合多了一个 Deque 接口, 这是一个双向队列接口, 双向队列就是两端都可以进行增加和删除操作。

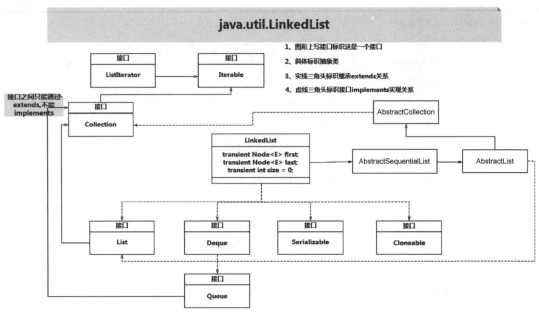

●图 2-3　LinkedList 类结构图

2.3.2　字段属性

字段属性代码显示如下：

```
//链表元素(节点)的个数
transient int size = 0;

/**
 *指向第一个节点的指针
 */
transient Node<E> first;

/**
 *指向最后一个节点的指针
 */
transient Node<E> last;
```

注意:

这里出现了一个 Node 类，这是 LinkedList 类中的一个内部类，其中每一个元素代表一个
Node 类对象，LinkedList 集合就是由许多个 Node 对象类似于手拉着手构成，如图 2-4 所示。

```
private static class Node<E> {
    E item;                //实际存储的元素
```

```
        Node<E> next;          //指向下一个节点的应用
        Node<E> prev;          //指向上一个节点的应用

        //构造函数
        Node(Node<E> prev, E element, Node<E> next) {
            this.item = element;
            this.next = next;
            this.prev = prev;
        }
    }
```

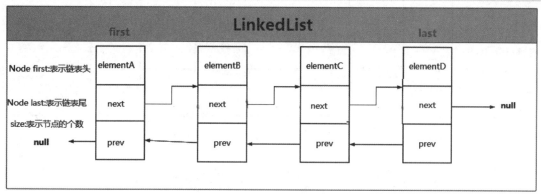

●图 2-4　LinkedList 结构图

上图的 LinkedList 有四个元素，也就是由 4 个 Node 对象组成，size = 4，head 指向第一个 elementA，tail 指向最后一个节点 elementD。

2.3.3　构造函数

LinkedList 有两个构造函数，第一个是默认的空的构造函数，第二个是将已有元素的集合 Collection 的实例添加到 LinkedList 中，调用的是 addAll()方法，这个方法下面介绍。

```
publicLinkedList() {
    }
  publicLinkedList(Collection<? extends E> c) {
    this();
    addAll(c);
}
```

注意：

LinkedList 没有初始化链表大小的构造函数，因为链表不像数组，一个定义好的数组是必须先要有确定的大小，然后再去分配内存空间，而链表不一样，它没有确定的大小，通过指针的移动来指向下一个内存地址的分配。

2.3.4 添加元素

1. addFirst（E e）

将指定元素添加到链表头，如图 2-5 所示。

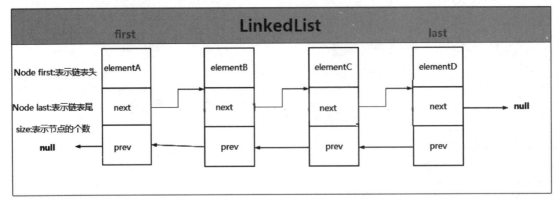

● 图 2-5 将指定元素添加到链表头

```
//将指定的元素添加到链表头节点
public voidaddFirst(E e) {
    linkFirst(e);
}


    private voidlinkFirst(E e) {
        final Node<E> f = first;      //将头节点赋值给 f
        final Node<E>newNode = new Node<>(null, e, f);//将指定元素构造成一个新节
点,此节点指向下一个节点的引用为头节点
        first =newNode;//将新节点设为头节点,那么原先的头节点 f 变为第二个节点
        if (f == null)               //如果第二个节点为空,也就是原先链表为空
            last =newNode;           //将这个新节点也设为尾节点(前面已经设为头节点了)
        else
            f.prev =newNode;         //将原先的头节点的上一个节点指向新节点
        size++;                      //节点数加 1
modCount++;//和 ArrayList 中一样,iterator 和 listIterator 方法返回的迭代器和列表迭
代器实现使用.
    }
```

2. addLast（E e）和 add（E e）

将指定元素添加到链表尾，如图 2-6 所示。

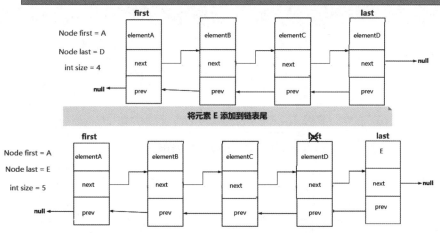

●图 2-6 将指定元素添加到链表尾

```
    //将元素添加到链表末尾
public voidaddLast(E e) {
    linkLast(e);
}


    //将元素添加到链表末尾
public boolean add(E e) {
        linkLast(e);
    return true;
}


voidlinkLast(E e) {
        final Node<E> l = last;  //将 l 设为尾节点
        final Node<E>newNode = new Node<>(l, e, null);//构造一个新节点,节点上一个
节点引用指向尾节点 l
        last =newNode;          //将尾节点设为创建的新节点
        if (l == null)          //如果尾节点为空,表示原先链表为空
            first =newNode;     //将头节点设为新创建的节点(尾节点也是新创建的节点)
        else
            l.next =newNode;    //将原来尾节点下一个节点的引用指向新节点
        size++;                 //节点数加 1
modCount++;//和 ArrayList 中一样,iterator 和 listIterator 方法返回的迭代器和列表迭
代器实现使用
}
```

3. add（int index，E element）
将指定的元素插入此列表中的指定位置，如图 2-7 所示。

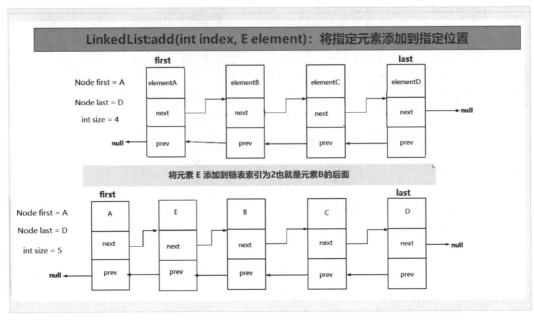

●图2-7　将指定元素插入到指定位置

```
public void add(int index, E element) {
    checkPositionIndex(index);//判断索引不是 index >= 0 && index <= size 中时抛出
IndexOutOfBoundsException 异常

    if (index == size)              //如果索引值等于链表大小
        linkLast(element);          //将节点插入到尾节点
    else
        linkBefore(element, node(index));
}
    Node<E> node(int index) {
        //assert isElementIndex(index);

        if (index < (size >> 1)) {  //如果插入的索引在前半部分
            Node<E> x = first;      //设 x 为头节点
            for (int i = 0; i < index; i++)//从开始节点到插入节点索引之间的所有节点向
后移动一位
                x = x.next;
            return x;
        } else {                    //如果插入节点位置在后半部分
            Node<E> x = last;       //将 x 设为最后一个节点
            for (int i = size - 1; i > index; i--)//从最后节点到插入节点的索引位置之间
的所有节点向前移动一位
```

```
            x = x.prev;
        return x;
    }
}

    voidlinkBefore(E e, Node<E> succ) {
    //assertsucc != null;
    final Node<E>pred = succ.prev;    //将 pred 设为插入节点的上一个节点
    final Node<E>newNode = new Node<>(pred, e, succ);//将新节点的上引用设为
pred,下引用设为 succ
    succ.prev = newNode;              //succ 的上一个节点的引用设为新节点
    if (pred == null)                 //如果插入节点的上一个节点引用为空
        first =newNode;               //新节点就是头节点
    else
        pred.next = newNode;          //新节点就是头节点
    size++;
    modCount++;
}
```

2.3.5 删除元素

删除元素和添加元素一样，也是通过更改指向上一个节点和指向下一个节点的引用即可，这里就不作图形展示了。

1. remove（）和 removeFirst（）
该命令为从此列表中移除并返回第一个元素。

```
//从此列表中移除并返回第一个元素
public E remove() {
    returnremoveFirst();
}


//从此列表中移除并返回第一个元素
public EremoveFirst() {
    final Node<E> f = first;
    if (f == null)
        throw new NoSuchElementException();
    returnunlinkFirst(f);           //如果头节点为空,则抛出异常
}


private EunlinkFirst(Node<E> f) {
    //assert f == first && f != null;
```

```
        final E element = f.item;
        final Node<E> next = f.next;//next 为头节点的下一个节点
        f.item = null;
        f.next = null;                    //将节点的元素以及引用都设为 null,便于垃圾回收
        first = next;                     //修改头节点为第二个节点
        if (next == null)                 //如果第二个节点为空(当前链表只存在第一个元素)
            last = null;                  //那么尾节点也置为 null
        else
            next.prev = null;//如果第二个节点不为空,那么将第二个节点的上一个引用置
为 null
        size--;
        modCount++;
        return element;
    }
```

2. removeLast ( )
该命令为从该列表中删除并返回最后一个元素。

```
//从该列表中删除并返回最后一个元素
public EremoveLast() {
    final Node<E> l = last;
    if (l == null)
        throw new NoSuchElementException();//如果尾节点为空,表示当前集合为空,抛出
异常
    returnunlinkLast(l);
}

private EunlinkLast(Node<E> l) {
        //assert l == last && l != null;
        final E element = l.item;
        final Node<E> prev = l.prev;
        l.item = null;
        l.prev = null;          //将节点的元素以及引用都设为 null,便于垃圾回收
        last = prev;            //尾节点为倒数第二个节点
        if (prev == null)       //如果倒数第二个节点为 null
            first = null;       //那么将节点也置为 null
        else
            prev.next = null;//如果倒数第二个节点不为空,那么将倒数第二个节点的下一个
引用置为 null
        size--;
        modCount++;
        return element;
    }
```

3. remove（int index）

该命令为删除此列表中指定位置的元素。

```
//删除此列表中指定位置的元素
public E remove(int index) {
    checkElementIndex(index);//判断索引不是 index >= 0 && index <= size 中时抛出
IndexOutOfBoundsException 异常
    return unlink(node(index));
}

E unlink(Node<E> x) {
        //assert x != null;
        final E element = x.item;
        final Node<E> next = x.next;
        final Node<E> prev = x.prev;

        if (prev == null) {//如果删除节点位置的上一个节点引用为null(表示删除第一个元素)
            first = next;        //将头节点置为第一个元素的下一个节点
        } else {                 //如果删除节点位置的上一个节点引用不为 null
            prev.next = next;    //将删除节点的上一个节点的引用指向删除节点的下一个节点
(去掉删除节点)
            x.prev = null;       //删除节点的上一个节点引用置为 null
        }

        if (next == null) {      //如果删除节点的下一个节点引用为null(表示删除最后一个
节点)
            last = prev;         //将尾节点置为删除节点的上一个节点
        } else {                 //不是删除尾节点
            next.prev = prev;    //将删除节点的下一个节点的上一个节点的引用指向删除节点
的上一个节点
            x.next = null;       //将删除节点的下一个节点引用置为 null
        }

        x.item = null;           //删除节点内容置为 null,便于垃圾回收
        size--;
        modCount++;
        return element;
    }
```

4. remove（Object o）

如果该命令存在，则表示从该列表中删除第一次出现的指定元素。

此方法本质上和 remove(int index)没多大区别，通过循环判断元素进行删除，需要注意的是，是删除第一次出现的元素，不是所有的。

```
public boolean remove(Object o) {
    if (o = = null) {
        for (Node<E> x = first; x != null; x = x.next) {
            if (x.item = = null) {
                unlink(x);
                return true;
            }
        }
    } else {
        for (Node<E> x = first; x != null; x = x.next) {
            if (o.equals(x.item)) {
                unlink(x);
                return true;
            }
        }
    }
    return false;
}
```

2.3.6　修改元素

通过调用 set(int index，E element)方法，用指定的元素替换此列表中指定位置的元素。

```
public E set(int index, E element) {
        //判断索引不满足 index >= 0 && index <= size 中时抛出 IndexOutOfBoundsEx-
ception 异常
        checkElementIndex(index);
        Node<E> x = node(index);      //获取指定索引处的元素
        E oldVal = x.item;
        x.item = element;             //将指定位置的元素替换成要修改的元素
        return oldVal;                //返回指定索引位置原来的元素
    }
```

这里主要是通过 node(index)方法获取指定索引位置的节点，然后修改此节点位置的元素即可。

2.3.7　查找元素

1. getFirst( )
该命令为返回此列表中的第一个元素。

```
public EgetFirst() {
    final Node<E> f = first;
    if (f == null)
        throw new NoSuchElementException();
    return f.item;
}
```

2. getLast（ ）

该命令为返回此列表中的最后一个元素。

```
public EgetLast() {
    final Node<E> l = last;
    if (l == null)
        throw new NoSuchElementException();
    return l.item;
}
```

3. get（int index）

该命令为返回指定索引处的元素。

```
public E get(int index) {
    checkElementIndex(index);
    return node(index).item;
}
```

4. indexOf（Object o）

该命令为返回此列表中指定元素第一次出现的索引，如果此列表不包含元素，则返回-1。

```
public intindexOf(Object o) {
    int index = 0;
    if (o == null) {
        for (Node<E> x = first; x != null; x = x.next) {
            if (x.item == null)
                return index;
            index++;
        }
    } else {
        for (Node<E> x = first; x != null; x = x.next) {
            if (o.equals(x.item))
                return index;
            index++;
        }
    }
    return -1;
}
```

2.3.8　遍历集合

1. 普通 for 循环

```
LinkedList<String> linkedList = new LinkedList<>();
linkedList.add("A");
linkedList.add("B");
linkedList.add("C");
linkedList.add("D");
for(int i = 0 ; i <linkedList.size() ; i++){
    System.out.print(linkedList.get(i)+" ");//A B C D
}
```

上述代码很简单，利用 LinkedList 的 get(int index）方法，遍历出所有的元素。

但是需要注意的是，get(int index）方法每次都要遍历该索引之前的所有元素，如代码中的一个 LinkedList 集合，放入了 A，B，C，D 四个元素。总共需要四次遍历：

第一次遍历打印 A：只需遍历一次。

第二次遍历打印 B：需要先找到 A，然后再找到 B 打印。

第三次遍历打印 C：需要先找到 A，然后找到 B，最后找到 C 打印。

第四次遍历打印 D：需要先找到 A，然后找到 B 和 C，最后找到 D 打印。

这样如果集合元素很多，越查找到后面（当然此处的 get 方法进行了优化，查找前半部分从前面开始遍历，查找后半部分从后面开始遍历，但是需要的时间还是很多）花费的时间越多。那么如何改进呢？

2. 迭代器

```
LinkedList<String> linkedList = new LinkedList<>();
        linkedList.add("A");
        linkedList.add("B");
        linkedList.add("C");
        linkedList.add("D");

Iterator<String> listIt = linkedList.listIterator();
while(listIt.hasNext()){
    System.out.print(listIt.next()+" ");        //A B C D
}


//通过适配器模式实现的接口,作用是倒序打印链表
Iterator<String> it = linkedList.descendingIterator();
while(it.hasNext()){
    System.out.print(it.next()+" ");            //D C B A
}
```

在 LinkedList 集合中也有一个内部类 ListItr，方法实现大体相似，通过移动游标指向每一次要遍历的元素，不用在遍历某个元素之前都从头开始。其方法实现也比较简单：

```java
publicListIterator<E> listIterator(int index) {
    checkPositionIndex(index);
    return newListItr(index);
}

private classListItr implements ListIterator<E> {
    private Node<E>lastReturned;
    private Node<E> next;
    private intnextIndex;
    private intexpectedModCount = modCount;

    ListItr(int index) {
        //assertisPositionIndex(index);
        next = (index == size) ? null : node(index);
        nextIndex = index;
    }

    public booleanhasNext() {
        returnnextIndex < size;
    }

    public E next() {
        checkForComodification();
        if (!hasNext())
            throw new NoSuchElementException();

        lastReturned = next;
        next = next.next;
        nextIndex++;
        returnlastReturned.item;
    }

    public booleanhasPrevious() {
        returnnextIndex > 0;
    }

    public E previous() {
        checkForComodification();
```

```java
        if (!hasPrevious())
            throw new NoSuchElementException();

        lastReturned = next = (next == null) ? last : next.prev;
        nextIndex--;
        returnlastReturned.item;
    }

public intnextIndex() {
    returnnextIndex;
    }

public intpreviousIndex() {
    returnnextIndex - 1;
}

public void remove() {
    checkForComodification();
    if (lastReturned == null)
        throw new IllegalStateException();

    Node<E>lastNext = lastReturned.next;
    unlink(lastReturned);
    if (next ==lastReturned)
        next =lastNext;
    else
        nextIndex--;
    lastReturned = null;
    expectedModCount++;
}

public void set(E e) {
    if (lastReturned == null)
        throw new IllegalStateException();
    checkForComodification();
    lastReturned.item = e;
}

public void add(E e) {
    checkForComodification();
    lastReturned = null;
    if (next == null)
```

```
            linkLast(e);
        else
            linkBefore(e, next);
        nextIndex++;
        expectedModCount++;
    }

    public voidforEachRemaining(Consumer<? super E> action) {
        Objects.requireNonNull(action);
        while (modCount == expectedModCount && nextIndex < size) {
            action.accept(next.item);
            lastReturned = next;
            next = next.next;
            nextIndex++;
        }
        checkForComodification();
    }

    final void checkForComodification() {
        if (modCount != expectedModCount)
            throw new ConcurrentModificationException();
    }
}
```

这里需要重点注意的是 modCount 字段，前面在增加和删除元素的时候，都会进行自增操作 modCount，这是因为如果一边迭代，一边用集合自带的方法进行删除或者新增操作时，都会抛出异常。(使用迭代器的增删方法不会抛异常)。

2.3.9　迭代器和 for 循环效率差异

```
LinkedList<Integer> linkedList = new LinkedList<>();
    for(int i = 0 ; i < 10000 ; i++){//向链表中添加10000个元素
        linkedList.add(i);
    }
    long beginTimeFor = System.currentTimeMillis();
    for(int i = 0 ; i < 10000 ; i++){
        System.out.print(linkedList.get(i));
    }

        long endTimeFor = System.currentTimeMillis();
    System.out.println("使用普通 for 循环遍历 10000 个元素需要的时间:"+ (end-
TimeFor - beginTimeFor));
```

```
longbeginTimeIte = System.currentTimeMillis();
Iterator<Integer> it = linkedList.listIterator();
while(it.hasNext()){
    System.out.print(it.next()+" ");
}
longendTimeIte = System.currentTimeMillis();
System.out.println("使用迭代器遍历 10000 个元素需要的时间:"+ (endTimeIte - begin-
TimeIte));
```

打印结果为：

使用普通**for**循环遍历**10000**个元素需要的时间：**94**
使用迭代器遍历**10000**个元素需要的时间：**39**

10000 个元素两者之间都相差一倍多的时间，如果是十万或百万个元素，那么两者之间相差的速度会越来越大。下面通过图形来解释，如图 2-8 所示。

普通 for 循环：每次遍历一个索引的元素之前，都要访问之间所有的索引。

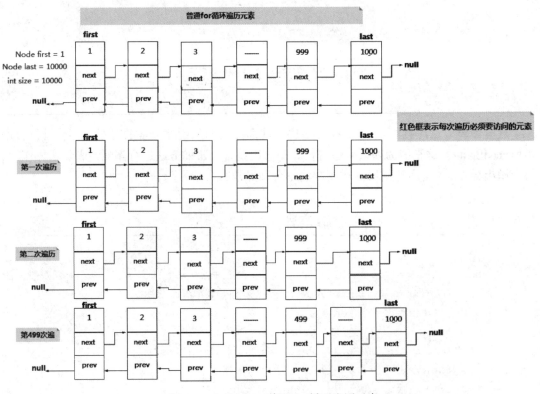

●图 2-8　LinkedList 普通 for 循环遍历元素

迭代器：每次访问一个元素后，都会用游标记录当前访问元素的位置，遍历一个元素，记录一个位置。如图 2-9 所示。

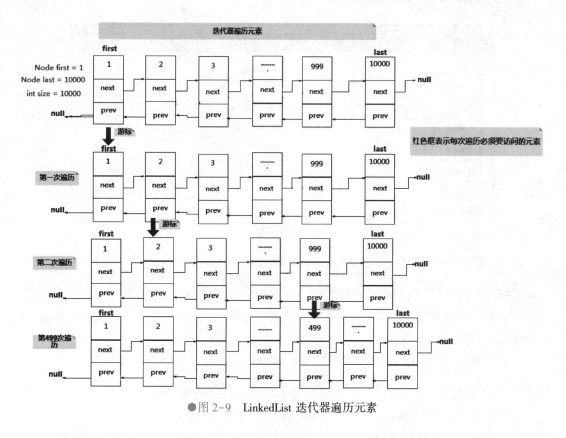

●图 2-9　LinkedList 迭代器遍历元素

2.4　常用的集合——HashMap 类

接下来介绍 JDK 1.8 中 HashMap 的源码实现，这也是最常用的一个集合。在介绍 HashMap 之前，先介绍什么是 Hash 表。

2.4.1　Hash 表

Hash 表也称为散列表，也可以直接译为哈希表，Hash 表是一种根据关键字值（key - value）而直接进行访问的数据结构。也就是说它通过把关键码值映射到表中的一个位置来访问记录，以此来加快查找的速度。在链表、数组等数据结构中，查找某个关键字，通常要遍历整个数据结构，也就是 O(N) 的时间级，但是对于 Hash 表来说，只有 O(1) 的时间级。

比如对于前面讲解的 ArrayList 和 LinkedList 集合，如果要查找这两个集合中的某个元素，通常是通过遍历整个集合，需要 O(N) 的时间级。

如果是 Hash 表，它是通过把关键码值映射到表中一个位置来访问记录，以加快查找的速度。这个映射函数称为散列函数，存放记录的数组称为散列表，只需要 O(1) 的时间级。如图 2-10 所示。

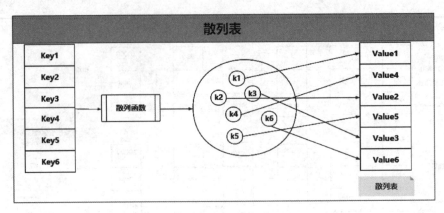

●图 2-10　散列表

1）存放在 Hash 表中的数据是 key-value 键值对，比如存放 Hash 表的数据为：

{Key1-Value1,Key2-Value2,Key3-Value3,Key4-Value4,Key5-Value5,Key6-Value6}

如果想查找是否存在键值对 Key3-Value3，首先通过 Key3 经过散列函数，得到值 k3，然后通过 k3 和散列表对应的值找到 Value3。

2）当然也有可能存放 Hash 表的值只是 Value1、Value2、Value3 这种类型。

{Value1,Value2,Value3,Value4,Value5,Value6}

这时候可以假设 Value1 是等于 Key1 的，也就是 ｛Value1-Value1，Value2-Value2，Value3-Value3，Value4-Value4，Value5-Value5，Value6-Value6｝，可以将 Value1 经过散列函数转换成与散列表对应的值。

读者应该用过汉语字典吧？汉语字典的优点是可以通过前面的拼音目录快速定位到所要查找的汉字。当给定某个汉字时，大脑会自动将汉字转换成拼音（如果认识该字，不认识可以通过偏旁部首），这个转换的过程可以看成是一个散列函数，之后再根据转换得到的拼音找到该字所在的页码，从而找到该汉字。

汉语字典是 Hash 表的典型实现，但是仔细思考，会发现这样几个问题？

1）为什么要有散列函数？

2）多个 key 通过散列函数会得到相同的值，这时候怎么办？

对于第一个问题，散列函数的存在能够帮助使用人员快速确定 key 和 value 的映射关系，试想一下，如果没有汉字和拼音的转换规则（或者汉字和偏旁部首的），给出一个汉字，该如何从字典中找到该汉字？除了遍历整部字典，没有什么更好的办法。

对于第二个问题，多个 key 通过散列函数得到相同的值，这其实也是 Hash 表最大的问题——冲突。比如同音汉字，得到的拼音就是相同的，那么该如何在字典中存放同音汉字呢？有两种做法：

第一种是开放地址法，当遇到冲突了，这时候通过另一种函数再计算一遍，得到相应的映射关系。比如对于汉语字典，一个字"余"，拼音是"yu"，将其放在页码为 567（假设在该位置），这时候又来了一个汉字"于"，拼音也是"yu"，那么这时候要是按照转换规则，也得将其放在页码为 567 的位置，但是发现这个页码已经被占用了，这时候怎么办？通过另一种函数，得到的值加 1。那么汉字"于"就会被放在 576+1＝577 的位置。

第二种是链地址法，可以将字典的每一页都看成是一个子数组或者子链表，当遇到冲突了，直接往当前页码的子数组或者子链表里面填充即可。那么进行同音字查找的时候，可能需要遍历其子数组或者子链表。如图 2-11 所示。

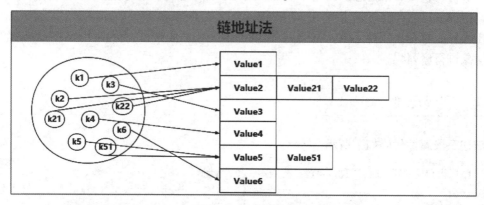

●图 2-11 链地址法

对于开放地址法，可能会遇到二次冲突甚至三次冲突，所以需要良好的散列函数，分布的越均匀越好。对于链地址法，虽然不会造成二次冲突，但是如果一次冲突很多，那么会造成子数组或者子链表很长，那么查找所需遍历的时间也会很长。

2.4.2 什么是 HashMap

HashMap 是一个利用 Hash 表原理来存储元素的集合。遇到冲突时，HashMap 是采用的链地址法来解决，在 JDK 1.7 中，HashMap 是由数组+链表构成的。但是在 JDK 1.8 中，HashMap 是由数组+链表+红黑树构成，新增了红黑树作为底层数据结构，结构变得复杂了，但是效率也变得更高效。下面来具体介绍在 JDK 1.8 中 HashMap 是如何实现的。

2.4.3 HashMap 定义

HashMap 是一个散列表，它存储的内容是键值对（key-value）映射，而且 key 和 value 都可以为 null。

首先该类实现了一个 Map 接口，该接口定义了一组键值对映射通用的操作。储存一组成对的键-值对象，提供 key（键）到 value（值）的映射，Map 中的 key 不要求有序，不允许重复。value 同样不要求有序，但可以重复。但是该接口方法有很多，设计某个键值对的集合有时候并不需要实现那么多方法，那该怎么办？

JDK 还提供了一个抽象类 AbstractMap，该抽象类继承 Map 接口，所以如果不想实现所有的 Map 接口方法，就可以选择继承抽象类 AbstractMap。

但是 HashMap 类通过继承了 AbstractMap 接口也实现了 Map 接口，这样做是否多此一举？后面 LinkedHashSet 集合也有这样的写法。

毕竟 JDK 经过多年的发展维护，笔者起初也是认为这样实现接口是有具体的作用的，后来找了很多资料，发现完全没有任何作用。

据 Java 集合框架的创始人 Josh Bloch 描述，这样的写法是一个失误。在 Java 集合框架中，类似这样的写法很多，最开始写 Java 集合框架的时候，他认为这样写，在某些地方可能是有价值的，但后来他意识到错了。JDK 的维护者，后来不认为这个小小的失误值得去修改，所以就这样存在下来了。

HashMap 集合还实现了 Cloneable 接口以及 Serializable 接口，分别用来进行对象克隆以及将对象进行序列化。

2.4.4　字段属性

描述字段属性代码如下所示。

```
//序列化和反序列化时,通过该字段进行版本一致性验证
private static final long serialVersionUID = 362498820763181265L;

//默认 HashMap 集合初始容量为16(必须是 2 的倍数)
static final int DEFAULT_INITIAL_CAPACITY = 1 << 4; //aka 16

//集合的最大容量,如果通过带参构造指定的最大容量超过此数值,默认还是使用此数值
static final int MAXIMUM_CAPACITY = 1 << 30;

//默认的填充因子
static final float DEFAULT_LOAD_FACTOR = 0.75f;

//当桶(bucket)上的节点大于这个值时会转成红黑树(JDK1.8 新增)
static final int TREEIFY_THRESHOLD = 8;

//当桶(bucket)上的节点数小于这个值时会转成链表(JDK1.8 新增)
static final int UNTREEIFY_THRESHOLD = 6;

/** (JDK1.8 新增)
* 当集合中的容量大于这个值时,表中的桶才能进行树形化,否则桶内元素太多时会扩容
*/
static final int MIN_TREEIFY_CAPACITY = 64;
```

注意：

后面三个字段是 JDK 1.8 新增的，主要用来进行红黑树和链表的互相转换。

```
/**
* 初始化使用,长度总是 2 的幂
*/
 transient Node<K,V>[] table;
```

```
/**
 * 保存缓存的 entrySet()
 */
transient Set<Map.Entry<K,V>> entrySet;

/**
 * 此映射中包含的键值映射的数量.(集合存储键值对的数量)
 */
transient int size;

/**
 * 跟前面 ArrayList 和 LinkedList 集合中的字段 modCount 功能一样,记录集合被修改的次数
 * 主要用于迭代器中的快速失败
 */
transient int modCount;

/**
 * 调整下一个值大小(容量 * 加载因子).capacity * load factor
 */
int threshold;

/**
 * 散列表的加载因子.
 */
final float load
```

下面重点介绍上面几个字段：

1. Node[] table

上文提到 HashMap 是由数组+链表+红黑树组成，这里的数组就是 table 字段。后面对其进行初始化长度默认是 DEFAULT_INITIAL_CAPACITY = 16。而且 JDK 声明数组的长度总是 2 的 n 次方（一定是合数），为什么这里要求是合数，一般读者都知道哈希算法为了避免冲突都要求长度是质数，这里要求是合数，这个问题在介绍 HashMap 的 hashCode() 方法（散列函数）时，再进行讲解。

2. size

size 是集合中存放 key-value 的实时对数。

3. loadFactor

loadFactor 是装载因子，用来衡量 HashMap 满的程度，计算 HashMap 的实时装载因子的方法为：size/capacity，而不是用占用桶的数量去除以 capacity。capacity 是桶的数量，也就是 table 的长度 length。

默认的负载因子为 0.75，这是对空间和时间效率的一个平衡选择，建议不要修改，除非在时间和空间比较特殊的情况下，如果内存空间很多而又对时间效率要求很高，可以降低负载因子 loadFactor 的值；相反，如果内存空间紧张而对时间效率要求不高，可以增加负载因子 loadFactor 的值，这个值可以大于 1。

4. threshold

threshold 是当前已占用数组长度的最大值。计算公式：capacity $*$ loadFactor。超过这个数目就需要重新 resize（扩容），扩容后的 HashMap 容量是之前容量的两倍。

2.4.5 构造函数

1. 默认无参构造函数

默认无参构造器，初始化散列表的加载因子为 0.75，代码如下所示。

```
/**
 * 默认无参构造函数,初始化加载因子 loadFactor = 0.75
 */
public HashMap() {
    this.loadFactor = DEFAULT_LOAD_FACTOR; //all other fields defaulted
}
```

2. 指定初始容量的构造函数

指定初始容量的构造函数代码如下所示。

```
/**
 *
 * @param initialCapacity 指定初始化容量
 * @param loadFactor 加载因子为 0.75
 */
public HashMap(int initialCapacity, float loadFactor) {
    //初始化容量不能小于 0,否则抛出异常
    if (initialCapacity < 0)
        throw new IllegalArgumentException("Illegal initial capacity: " +
                                    initialCapacity);
     //如果初始化容量大于 2 的 30 次方,则初始化容量都为 2 的 30 次方
    if (initialCapacity > MAXIMUM_CAPACITY)
        initialCapacity = MAXIMUM_CAPACITY;

    //如果加载因子小于 0,或者加载因子是一个非数值,则抛出异常
    if (loadFactor <= 0 || Float.isNaN(loadFactor))
        throw new IllegalArgumentException("Illegal load factor: " +
                                    loadFactor);
    this.loadFactor = loadFactor;
    this.threshold = tableSizeFor(initialCapacity);
}

    //返回大于等于 initialCapacity 的最小的二次幂数值.
    //>>> 操作符表示无符号右移,高位取 0.
```

```
// | 按位或运算
static final int tableSizeFor(int cap) {
        int n = cap - 1;
        n |= n >>> 1;
        n |= n >>> 2;
        n |= n >>> 4;
        n |= n >>> 8;
        n |= n >>> 16;
        return (n < 0) ? 1 : (n >= MAXIMUM_CAPACITY) ? MAXIMUM_CAPACITY : n + 1;
}
```

2.4.6　确定 Hash 桶数组索引位置

前文提到 Hash 表用散列函数来确定索引的位置。散列函数设计越好，则元素分布越均匀。HashMap 是数组+链表+红黑树的组合，是希望在有限个数组位置时，尽量使每个位置的元素只有一个，当用散列函数求得索引位置的时候，就能马上知道对应位置的元素是不是想要的，而不用进行链表的遍历或者红黑树的遍历，这会大大提升查询效率。接下来看一下 HashMap 中的哈希算法。

```
static final int hash(Object key) {
    int h;
    return (key == null) ? 0 : (h = key.hashCode()) ^ (h >>> 16);
}

i = (table.length - 1) & hash;//这一步是在后面添加元素 putVal()方法中进行位置的确定
```

主要分为以下三步：

1）取 hashCode 值：key. hashCode( )。

2）高位参与运算：h>>>16。

3）取模运算：（n–1）& hash。

这里获取 hashCode( )方法的值是变量，但是对于任意给定的对象，只要它的 hashCode( )返回值相同，那么程序调用 hash(Object key)所计算得到的 hash 码值总是相同的。

为了让数组元素分布均匀，首先想到的是把获得的 hash 码对数组长度取模运算（hash%length），但是计算机都是以二进制进行操作，取模运算相对开销还是很大的，那该如何优化呢？

HashMap 使用的方法很巧妙，它通过 hash &（table. length –1）来得到该对象的保存位，前面说过 HashMap 底层数组的长度总是 2 的 n 次方，这是 HashMap 在速度上的优化。当 length 总是 2 的 n 次方时，hash &（length–1）运算等价于对 length 取模，也就是 hash%length，但是 & 比%具有更高的效率。比如 n % 32 = n & （32 –1）。

这也解释了为什么要保证数组的长度总是 2 的 n 次方。

再就是在 JDK 1.8 中还有高位参与运算，hashCode( )得到的是一个 32 位 int 类型的值，通过 hashCode() 的高 16 位异或低 16 位实现的：(h = k. hashCode()) ^ (h >>> 16)，主要是从速度、功效、质量来考虑的，这么做可以在数组 table 的 length 比较小的时候，也能保证高低 Bit 都参与到 Hash 的计算中，同时不会有太大的开销。

下面举例说明下，n 为 table 的长度，如图 2-12 所示。

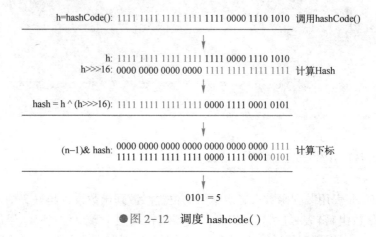

●图 2-12　调度 hashcode()

2.4.7　添加元素

添加元素的代码如下所示。

```
1    //hash(key)就是上面讲的 hash 方法,对其进行了第一步和第二步处理
2    public V put(K key, V value) {
3        return putVal(hash(key), key, value, false, true);
4    }
5    /**
6     *
7     * @param hash 索引的位置
8     * @param key   键
9     * @param value  值
10    * @param onlyIfAbsent true 表示不要更改现有值
11    * @param evict false 表示 table 处于创建模式
12    * @return
13    */
14    final V putVal(int hash, K key, V value, boolean onlyIfAbsent,
15            boolean evict) {
16        Node<K,V>[] tab; Node<K,V> p; int n, i;
17        //如果 table 为 null 或者长度为 0,则进行初始化
18        //resize()方法本来是用于扩容,由于初始化没有实际分配空间,这里用该方法进
行空间分配,后面会详细讲解该方法
```

```
19              if ((tab = table) == null || (n = tab.length) == 0)
20                  n = (tab = resize()).length;
21              //注意:这里用到了前面讲解获得 key 的 hash 码的第三步,取模运算,下面的 if-
else 分别是 tab[i] 为 null 和不为 null
22              if ((p = tab[i = (n - 1) & hash]) == null)
23                  tab[i] = newNode(hash, key, value, null);//tab[i] 为 null,直接将
新的 key-value 插入到计算的索引 i 位置
24              else {//tab[i] 不为 null,表示该位置已经有值了
25                  Node<K,V> e; K k;
26                  if (p.hash == hash &&
27                      ((k = p.key) == key || (key != null && key.equals(k))))
28                      e = p;//节点 key 已经有值了,直接用新值覆盖
29                  //该链是红黑树
30                  else if (p instanceof TreeNode)
31                      e = ((TreeNode<K,V>)p).putTreeVal(this, tab, hash, key,
value);
32                  //该链是链表
33                  else {
34                      for (int binCount = 0; ; ++binCount) {
35                          if ((e = p.next) == null) {
36                              p.next = newNode(hash, key, value, null);
37                              //链表长度大于 8,转换成红黑树
38                              if (binCount >= TREEIFY_THRESHOLD - 1) //-1 for 1st
39                                  treeifyBin(tab, hash);
40                              break;
41                          }
42                          //key 已经存在直接覆盖 value
43                          if (e.hash == hash &&
44                              ((k = e.key) == key || (key != null && key.equals
(k))))
45                              break;
46                          p = e;
47                      }
48                  }
49                  if (e != null) { //existing mapping for key
50                      V oldValue = e.value;
51                      if (!onlyIfAbsent || oldValue == null)
52                          e.value = value;
53                      afterNodeAccess(e);
54                      return oldValue;
55                  }
56              }
57          ++modCount;//用作修改和快速失败校验
```

```
58          if (++size > threshold)//超过最大容量,进行扩容
59              resize();
60          afterNodeInsertion(evict);
61          return null;
62      }
```

1）判断键值对数组 table 是否为空或为 null，否则执行 resize( )进行扩容。

2）根据键值 key 计算 hash 值得到插入的数组索引 i，如果 table[i]==null，直接新建节点添加，转向 6），如果 table[i]不为空，转向 3）。

3）判断 table[i]的首个元素是否和 key 一样，如果相同直接覆盖 value，否则转向 4），这里的相同指的是 hashCode 以及 equals。

4）判断 table[i]是否为 treeNode，即 table[i]是否是红黑树，如果是红黑树，则直接在树中插入键值对，否则转向 5）。

5）遍历 table[i]，判断链表长度是否大于 8，大于 8 则把链表转换为红黑树，在红黑树中执行插入操作，否则进行链表的插入操作；遍历过程中若发现 key 已经存在则直接覆盖 value 即可。

6）插入成功后，判断实际存在的键值对数量 size 是否超过了最大容量 threshold，如果超过，进行扩容。

7）如果新插入的 key 不存在，则返回 null，如果新插入的 key 存在，则返回原 key 对应的 value 值（注意新插入的 value 会覆盖原 value 值）。

注意 1：看第 58 和 59 行代码：

这里有个面试考点，HashMap 是由数组+链表+红黑树（JDK 1.8）组成，如果在添加元素时，发生冲突，会将冲突的数放在链表上，当链表长度超过 8 时，会自动转换成红黑树。

那么有如下问题：数组上有 5 个元素，而某个链表上有 3 个元素，问此 HashMap 的 size 是多大？

分析第 58 和 59 行代码，很容易知道，只要是调用 put( )方法添加元素，那么就会调用 ++size（这里有个例外是插入重复 key 的键值对，不会调用，但是重复 key 元素不会影响 size），所以，问题的答案是 7。

注意 2：看第 53 和 60 行代码。

这里调用的该方法，其实是调用了如下实现方法：

```
voidafterNodeAccess(Node<K,V> p) { }
void afterNodeInsertion(boolean evict) { }
```

这都是一个空的方法实现，在这里可以不用管，但是在后面介绍 LinkedHashMap 会用到，LinkedHashMap 是继承的 HashMap，并且重写了该方法，后面会详细介绍。

2.4.8 扩容机制

扩容（resize）是由数组+链表+红黑树构成，向 HashMap 中插入元素时，如果 HashMap 集合的元素已经大于最大承载容量 threshold（capacity * loadFactor），这里的

threshold 不是数组的最大长度。那么必须扩大数组的长度,由于 Java 中数组是无法自动扩容的,所以采用的方法是用一个更大的数组代替这个小的数组,就好比以前是用小桶装水,现在小桶装不下了,使用一个更大的桶。

JDK 1.8 融入了红黑树的机制,比较复杂,这里先介绍 JDK 1.7 的扩容源码,便于理解,然后再介绍 JDK 1.8 的源码。JDK 1.7 HashMap 扩容代码如下。

```
//参数 newCapacity 为新数组的大小
  void resize(int newCapacity) {
      Entry[] oldTable = table;          //引用扩容前的 Entry 数组
      int oldCapacity = oldTable.length;
      if (oldCapacity == MAXIMUM_CAPACITY) {//扩容前的数组大小如果已经达到最大(2^
30)了
          threshold = Integer.MAX_VALUE;///修改阈值为 int 的最大值(2^31-1),这样以
后就不会扩容了
          return;
      }

      Entry[] newTable = new Entry[newCapacity];//初始化一个新的 Entry 数组
      transfer(newTable, initHashSeedAsNeeded(newCapacity));//将数组元素转移到
新数组里面
      table = newTable;
      threshold = (int)Math.min(newCapacity * loadFactor, MAXIMUM_CAPACITY +
1);                                    //修改阈值
  }
  void transfer(Entry[] newTable, boolean rehash) {
      int newCapacity = newTable.length;
      for (Entry<K,V> e : table) {       //遍历数组
          while(null != e) {
              Entry<K,V> next = e.next;
              if (rehash) {
                  e.hash = null == e.key ? 0 : hash(e.key);
              }
              int i = indexFor(e.hash, newCapacity);//重新计算每个元素在数组中的索
引位置
              e.next = newTable[i];      //标记下一个元素,添加在链表头
              newTable[i] = e;           //将元素放在链表上
              e = next;                  //访问下一个 Entry 链表上的元素
          }
      }
  }
```

通过方法可以看到,JDK 1.7 中首先是创建一个新的大容量数组,然后依次重新计算原集合所有元素的索引,再重新赋值。如果数组某个位置发生了 hash 冲突,使用的是单链表

的头插入方法，同一位置的新元素总是放在链表的头部，这样与原集合链表对比，扩容之后的可能就是倒序的链表了。

JDK 1.8 HashMap 扩容代码如下。

```java
final Node<K,V>[] resize() {
    Node<K,V>[] oldTab = table;
    int oldCap = (oldTab == null) ? 0 : oldTab.length;//原数组如果为 null,则长度赋值 0
    int oldThr = threshold;
    int newCap, newThr = 0;
    if (oldCap > 0) {//如果原数组长度大于 0
        if (oldCap >= MAXIMUM_CAPACITY) {//数组大小如果已经大于等于最大值(2^30)
            threshold = Integer.MAX_VALUE;//修改阈值为 int 的最大值(2^31-1),这样以后就不会扩容了
            return oldTab;
        }
        //原数组长度大于等于初始化长度 16,并且原数组长度扩大 1 倍也小于 2^30 次方
        else if ((newCap = oldCap << 1) < MAXIMUM_CAPACITY &&
                oldCap >= DEFAULT_INITIAL_CAPACITY)
            newThr = oldThr << 1; //阀值扩大 1 倍
    }
    else if (oldThr > 0) //旧阀值大于 0,则将新容量直接等于旧阀值
        newCap = oldThr;
    else {//阀值等于 0,oldCap 也等于 0(集合未进行初始化)
        newCap = DEFAULT_INITIAL_CAPACITY;//数组长度初始化为 16
        newThr = (int)(DEFAULT_LOAD_FACTOR * DEFAULT_INITIAL_CAPACITY);//阀值等于 16 * 0.75 = 12
    }
    //计算新的阀值上限
    if (newThr == 0) {
        float ft = (float)newCap * loadFactor;
        newThr = (newCap < MAXIMUM_CAPACITY && ft < (float)MAXIMUM_CAPACITY ?
                (int)ft : Integer.MAX_VALUE);
    }
    threshold = newThr;
    @SuppressWarnings({"rawtypes","unchecked"})
        Node<K,V>[] newTab = (Node<K,V>[])new Node[newCap];
    table = newTab;
    if (oldTab != null) {
        //把每个 bucket 都移动到新的 buckets 中
        for (int j = 0; j < oldCap; ++j) {
            Node<K,V> e;
```

```
if ((e = oldTab[j]) != null) {
    oldTab[j] = null;//元数据 j 位置置为 null,便于垃圾回收
    if (e.next == null)//数组没有下一个引用(不是链表)
        newTab[e.hash & (newCap - 1)] = e;
    else if (e instanceof TreeNode)//红黑树
        ((TreeNode<K,V>)e).split(this, newTab, j, oldCap);
    else { //preserve order
        Node<K,V> loHead = null, loTail = null;
        Node<K,V> hiHead = null, hiTail = null;
        Node<K,V> next;
        do {
            next = e.next;
            //原索引
            if ((e.hash & oldCap) == 0) {
                if (loTail == null)
                    loHead = e;
                else
                    loTail.next = e;
                loTail = e;
            }
            //原索引+oldCap
            else {
                if (hiTail == null)
                    hiHead = e;
                else
                    hiTail.next = e;
                hiTail = e;
            }
        } while ((e = next) != null);
        //原索引放到 bucket 里
        if (loTail != null) {
            loTail.next = null;
            newTab[j] = loHead;
        }
        //原索引+oldCap 放到 bucket 里
        if (hiTail != null) {
            hiTail.next = null;
            newTab[j + oldCap] = hiHead;
        }
    }
}
}
}
```

```
    }
    return newTab;
}
```

该方法分为两部分，首先是计算新桶数组的容量 newCap 和新阈值 newThr，然后将原集合的元素重新映射到新集合中。具体分析可以参考图 2-13。

第一个if —— else if —— else语句		
	oldCap>=2^{30}	修改阈值为int的最大值(2^{31}-1)，数组长度不变，不再进行扩容
oldCap>0		
	newCap <2^{30} && oldCap> 16	新阈值newThr = oldThr <<1(扩大一倍)，newCap = oldCap <<1，移位可能会导致溢出
oldThr>0	threshold >0，且桶数组未被初始化	调用HashMsp(int)和HashMap(int, float)构造方法时会产生这种情况，此种情况下newCap=oldThr，newThr在下面分支中算出
oldCap == 0 && oldThr ==0	桶数组未被初始化，且threshold为0	调用HashMsp() 构造方法会产生这种情况。newCap =16，newThr =0.75*16=12
第二个if语句		
newThr == 0	第一个条件分支未计算newThr或嵌套分支在计算过程中导致newThr溢出归零	newCap <2^{30} &&(newCap * 0.75)<2^{30} 成立则newThr =(newCap * 0.75) 不成立则newThr =2-1
第三个if语句：扩容后重新分配元素		
桶数组某个位置元素.next=null	表示既不是链表，也不是红黑树，直接插入即可	newTab[e.hash & (newCap -1)]=e；
该位置为红黑树	e instanceof TreeNode	split()方法重新分配
该位置为链表		不需要像JDK 1.7重新计算hash，只需要注意原来的hash值新增的bit是1还是0，是0的话索引没变，是1的话索引变成"原索引+oldCap"

●图 2-13　JDK 1.8 HashMap 扩容机制解析

相比于 JDK 1.7，1.8 使用的是 2 次幂的扩展（指长度扩为原来 2 倍），所以，元素的位置要么是在原位置，要么是在原位置再移动 2 次幂的位置。在扩充 HashMap 的时候，不需要像 JDK 1.7 的实现那样重新计算 hash，只需要注意原来的 hash 值新增的 bit 是 1 还是 0，是 0 的话索引没变，是 1 的话索引变成"原索引+oldCap"。

2.4.9　删除元素

HashMap 删除元素首先是要找到桶的位置，然后如果是链表，则进行链表遍历，找到需要删除的元素后，进行删除；如果是红黑树，则是先进行树的遍历，找到元素删除后，进行平衡调节，注意，当红黑树的节点数小于 6 时，会转化成链表，实现代码如下所示。

```java
public V remove(Object key) {
    Node<K,V> e;
    return (e = removeNode(hash(key), key, null, false, true)) == null ?
        null : e.value;
}


final Node<K,V> removeNode(int hash, Object key, Object value,
                           boolean matchValue, boolean movable) {
    Node<K,V>[] tab; Node<K,V> p; int n, index;
    //(n - 1) & hash 找到桶的位置
    if ((tab = table) != null && (n = tab.length) > 0 &&
        (p = tab[index = (n - 1) & hash]) != null) {
        Node<K,V> node = null, e; K k; V v;
        if (p.hash == hash &&
            ((k = p.key) == key || (key != null && key.equals(k))))
            node = p;
        else if ((e = p.next) != null) {
            if (p instanceof TreeNode)
                node = ((TreeNode<K,V>)p).getTreeNode(hash, key);
            else {
                do {
                    if (e.hash == hash &&
                        ((k = e.key) == key ||
                         (key != null && key.equals(k)))) {
                        node = e;
                        break;
                    }
                    p = e;
                } while ((e = e.next) != null);
            }
        }
        //删除节点,并进行调节红黑树平衡
        if (node != null && (!matchValue || (v = node.value) == value ||
                            (value != null && value.equals(v)))) {
            if (node instanceof TreeNode)
                ((TreeNode<K,V>)node).removeTreeNode(this, tab, movable);
            else if (node == p)
                tab[index] = node.next;
            else
                p.next = node.next;
            ++modCount;
```

```
                --size;
                afterNodeRemoval(node);
                return node;
            }
        }
        return null;
    }
```

注意第 46 行代码。

```
afterNodeRemoval(node);
```

这也是为实现 LinkedHashMap 做准备的，在这里和上面一样，属于空方法实现，可以不用管。而在 LinkedHashMap 中进行了重写，用来维护删除节点后，链表的前后关系。

2. 4. 10　查找元素

1. 通过 key 查找 value

首先通过 key 找到计算索引和桶位置，先检查第一个节点，如果是则返回，如果不是，则遍历其后面的链表或者红黑树。其余情况全部返回 null。

```
public V get(Object key) {
    Node<K,V> e;
    return (e = getNode(hash(key), key)) == null ? null : e.value;
}


    final Node<K,V> getNode(int hash, Object key) {
        Node<K,V>[] tab; Node<K,V> first, e; int n; K k;
        if ((tab = table) != null && (n = tab.length) > 0 &&
            (first = tab[(n - 1) & hash]) != null) {
            //根据 key 计算的索引检查第一个索引
            if (first.hash == hash && //always check first node
                ((k = first.key) == key || (key != null && key.equals(k))))
                return first;
            //不是第一个节点
            if ((e = first.next) != null) {
                if (first instanceof TreeNode)//遍历树查找元素
                    return ((TreeNode<K,V>)first).getTreeNode(hash, key);
                do {
                    //遍历链表查找元素
                    if (e.hash == hash &&
                        ((k = e.key) == key || (key != null && key.equals(k))))
                        return e;
```

```
            } while ((e = e.next) != null);
        }
    }
    return null;
}
```

2. 判断是否存在给定的 key 或者 value

实现代码如下所示。

```
public booleancontainsKey(Object key) {
        return getNode(hash(key), key) != null;
    }


    public boolean containsValue(Object value) {
        Node<K,V>[] tab; V v;
        if ((tab = table) != null && size > 0) {
            //遍历桶
            for (int i = 0; i < tab.length; ++i) {
                //遍历桶中的每个节点元素
                for (Node<K,V> e = tab[i]; e != null; e = e.next) {
                    if ((v = e.value) == value ||
                        (value != null && value.equals(v)))
                        return true;
                }
            }
        }
        return false;
    }
```

2.4.11 遍历元素

遍历 HashMap，这里介绍 4 种遍历方式。首先需要构造一个 HashMap。

1. 分别获取 key 集合和 value 集合

```
//分别获取 key 和 value 的集合
 for(String key : map.keySet()){
     System.out.println(key);
 }
 System.out.println("=====");
 for(Object value : map.values()){
     System.out.println(value);
 }
```

2. 获取 **key** 集合， 然后遍历 **key** 集合， 根据 **key** 分别得到相应 **value**

```
//获取 key 集合,然后遍历 key,根据 key 得到 value
Set<String> keySet = map.keySet();
for(String str : keySet){
    System.out.println(str+"-"+map.get(str));
}
```

3. 得到 **Entry** 集合， 然后遍历 **Entry**

```
//得到 Entry 集合,然后遍历 Entry
Set<Map.Entry<String,Object>> entrySet = map.entrySet();
for(Map.Entry<String,Object> entry : entrySet){
    System.out.println(entry.getKey()+"-"+entry.getValue());
}
```

4. 迭代

```
Iterator<Map.Entry<String,Object>> iterator = map.entrySet().iterator();
while(iterator.hasNext()){
    Map.Entry<String,Object> mapEntry = iterator.next();
    System.out.println(mapEntry.getKey()+"-"+mapEntry.getValue());
}
```

基本上第三种方法是性能最好的。

第一种遍历方法在只需要 key 集合或者只需要 value 集合时使用；

第二种方法效率很低, 不推荐使用；

第四种方法效率也挺高, 关键是在遍历的过程中可以对集合中的元素进行删除。

第三种方法 Map. entrySet 迭代器会生成 EntryIterator, 其返回的实例是一个包含 key/ value 键值对的对象。而 keySet 中迭代器返回的只是 key 对象, 还需要到 map 中二次取值。故 entrySet 要比 keySet 快一倍左右。

2.5 Map 集合的一种实现——LinkedHashMap 类

HashMap 集合可以说是最重要的集合之一, 现在介绍 Map 集合的一种实现——Linked-HashMap, 其实也是继承 HashMap 集合来实现的, 而且在介绍 HashMap 集合的 put 方法时, 也指出了 put 方法中调用的部分方法在 HashMap 都是空实现, 需要在 LinkedHashMap 中进行了重写。所以想要彻底了解 LinkedHashMap 的实现原理, HashMap 的实现原理一定要掌握。

2.5.1 LinkedHashMap 定义

LinkedHashMap 是基于 HashMap 实现的一种集合, 具有 HashMap 集合的所有特点, 除了 HashMap 是无序的，LinkedHashMap 是有序的，因为 LinkedHashMap 在 HashMap 的基础上单独维护了一个具有所有数据的双向链表，该链表保证了元素迭代的顺序。LinkedHashMap 类结构如图 2-14 所示。

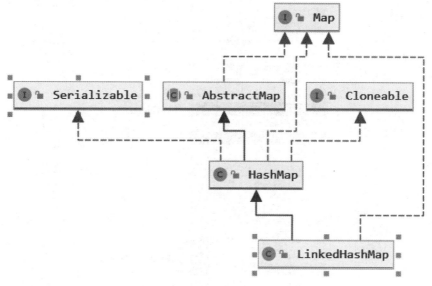

●图 2-14　LinkedHashMap 类结构图

所以可以直接这样说：LinkedHashMap = HashMap + LinkedList。LinkedHashMap 就是在 HashMap 的基础上多维护了一个双向链表，用来保证元素迭代顺序。

```
public classLinkedHashMap<K,V>
    extends HashMap<K,V>
    implements Map<K,V>
```

2.5.2　字段属性

1. Entry<K,V>

```
static class Entry<K,V> extendsHashMap.Node<K,V> {
    Entry<K,V> before, after;
    Entry(int hash, K key, V value, Node<K,V> next) {
        super(hash, key, value, next);
    }
}
```

LinkedHashMap 的每个元素都是一个 Entry，Entry 继承自 HashMap 的 Node 结构，相对于 Node 结构，LinkedHashMap 多了 before 和 after 结构。

Map 类集合基本元素的实现演变如图 2-15 所示。

LinkedHashMap 中 Entry 相对于 HashMap 多出的 before 和 after 便是用来维护 Linked-HashMap 插入 Entry 的先后顺序的。

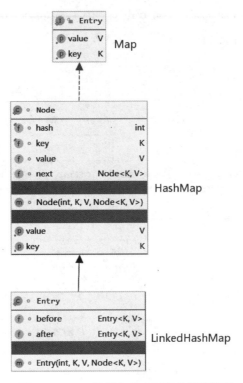

●图 2–15　Map 类集合基本元素的实现演变

2. 其他属性

```
//用来指向双向链表的头节点
transient LinkedHashMap.Entry<K,V> head;
//用来指向双向链表的尾节点
transient LinkedHashMap.Entry<K,V> tail;
//用来指定 LinkedHashMap 的迭代顺序
//true 表示按照访问顺序,会把访问过的元素放在链表后面,放置顺序是访问的顺序
//false 表示按照插入顺序遍历
final boolean accessOrder;
```

注意:

这里有五个属性不要混淆，Node next 属性是用来维护整个集合中 Entry 的顺序。Entry before、Entry after、Entry head 和 Entry tail 这四个属性都是用来维护保证集合顺序的链表，其中前两个 before 和 after 表示某个节点的上一个节点和下一个节点，这是一个双向链表。后两个属性 head 和 tail 分别表示这个链表的头节点和尾节点。

2.5.3　构造函数

在 LinkedHashMap 中，有如下几种构造方法：

1. 无参构造

```java
public LinkedHashMap() {
    super();
    accessOrder = false;
}
```

调用无参的 HashMap 构造函数，具有默认初始容量（16）和加载因子（0.75）。并且设定了 accessOrder = false，表示默认按照插入顺序进行遍历。

2. 指定初始容量

```java
public LinkedHashMap(int initialCapacity) {
    super(initialCapacity);
    accessOrder = false;
}
```

3. 指定初始容量和加载因子

```java
public LinkedHashMap(int initialCapacity, float loadFactor) {
    super(initialCapacity, loadFactor);
    accessOrder = false;
}
```

4. 指定初始容量和加载因子以及迭代规则

```java
public LinkedHashMap(int initialCapacity,
               float loadFactor,
               boolean accessOrder) {
    super(initialCapacity, loadFactor);
    this.accessOrder = accessOrder;
}
```

5. 构造包含指定集合中的元素

```java
public LinkedHashMap(Map<? extends K, ? extends V> m) {
    super();
    accessOrder = false;
    putMapEntries(m, false);
}
```

上面所有的构造函数默认 accessOrder = false，除了第四个构造函数能够指定 accessOrder 的值。

2.5.4 添加元素

LinkedHashMap 中是没有 put 方法的，直接调用父类 HashMap 的 put 方法。关于 Hash-Map 的 put 方法，可以复习一下 HashMap 的内容。

put 方法代码如下所示。

```
1    //hash(key)就是上面讲的 hash 方法,对其进行了第一步和第二步处理
2    public V put(K key, V value) {
3        return putVal(hash(key), key, value, false, true);
4    }
5    /**
6     *
7     * @param hash 索引的位置
8     * @param key   键
9     * @param value  值
10    * @param onlyIfAbsent true 表示不要更改现有值
11    * @param evict false 表示 table 处于创建模式
12    * @return
13    */
14   final V putVal(int hash, K key, V value, boolean onlyIfAbsent,
15           boolean evict) {
16       Node<K,V>[] tab; Node<K,V> p; int n, i;
17       //如果 table 为 null 或者长度为 0,则进行初始化
18       //resize()方法本来是用于扩容,由于初始化没有实际分配空间,这里用该方法进行空
间分配,后面会详细讲解该方法
19       if ((tab = table) == null || (n = tab.length) == 0)
20           n = (tab = resize()).length;
21       //注意:这里用到了前面讲解获得 key 的 hash 码的第三步,取模运算,下面的 if-else
分别是 tab[i] 为 null 和不为 null
22       if ((p = tab[i = (n - 1) & hash]) == null)
23           tab[i] = newNode(hash, key, value, null);//tab[i] 为 null,直接将新的
key-value 插入到计算的索引 i 位置
24       else {//tab[i] 不为 null,表示该位置已经有值了
25           Node<K,V> e; K k;
26           if (p.hash == hash &&
27               ((k = p.key) == key || (key != null && key.equals(k))))
28               e = p;//节点 key 已经有值了,直接用新值覆盖
29           //该链是红黑树
30           else if (p instanceof TreeNode)
31               e = ((TreeNode<K,V>)p).putTreeVal(this, tab, hash, key, value);
32           //该链是链表
33           else {
34               for (int binCount = 0; ; ++binCount) {
35                   if ((e = p.next) == null) {
36                       p.next = newNode(hash, key, value, null);
37                       //链表长度大于 8,转换成红黑树
38                       if (binCount >= TREEIFY_THRESHOLD - 1) //-1 for 1st
```

```
39                         treeifyBin(tab, hash);
40                     break;
41                 }
42                 //key 已经存在则直接覆盖 value
43                 if (e.hash == hash &&
44                     ((k = e.key) == key || (key != null && key.equals(k))))
45                     break;
46                 p = e;
47             }
48         }
49         if (e != null) { //existing mapping for key
50             V oldValue = e.value;
51             if (!onlyIfAbsent || oldValue == null)
52                 e.value = value;
53             afterNodeAccess(e);
54             return oldValue;
55         }
56     }
57     ++modCount;                   //用作修改和快速失败校验
58     if (++size > threshold)   //超过最大容量,进行扩容
59         resize();
60     afterNodeInsertion(evict);
61     return null;
62 }
```

这里主要介绍上面方法中，为了保证 LinkedHashMap 的迭代顺序，在添加元素时重写的 4 种方法，分别是第 23 行和 31 行以及 53 和 60 行代码。

```
1   newNode(hash, key, value, null);
2   putTreeVal(this, tab, hash, key, value)//newTreeNode(h, k, v, xpn)
3   afterNodeAccess(e);
4   afterNodeInsertion(evict);
```

1. newNode(hash, key, value, null)方法
将当前添加的元素设为原始链表的尾节点。

```
Node<K,V>newNode(int hash, K key, V value, Node<K,V> e) {
    LinkedHashMap.Entry<K,V> p =
        new LinkedHashMap.Entry<K,V>(hash, key, value, e);
    linkNodeLast(p);
    return p;
}


private void linkNodeLast(LinkedHashMap.Entry<K,V> p) {
```

```
    //用临时变量 last 记录尾节点 tail
    LinkedHashMap.Entry<K,V> last = tail;
    //将尾节点设为当前插入的节点 p
    tail = p;
    //如果原先尾节点为 null,表示当前链表为空
    if (last == null)
        //头节点也为当前插入节点
        head = p;
    else {
        //原始链表不为空,那么将当前节点的上节点指向原始尾节点
        p.before = last;
            //原始尾节点的下一个节点指向当前插入节点
        last.after = p;
    }
}
```

2. putTreeVal 方法

在添加红黑树节点时，LinkedHashMap 也重写了该方法的 newTreeNode 方法。

```
TreeNode<K,V> newTreeNode(int hash, K key, V value, Node<K,V> next) {
    TreeNode<K,V> p = new TreeNode<K,V>(hash, key, value, next);
    linkNodeLast(p);
    return p;
}
```

也就是说上面两个方法都是在将新添加的元素放置到链表的尾端，并维护链表节点之间的关系。而对于 afterNodeAccess(e) 方法，在 putVal 方法中，当添加数据键值对的 key 存在时，会对 value 进行替换。然后调用 afterNodeAccess(e) 方法。

3. afterNodeAccess(e)方法。

```
1      //把当前节点放到双向链表的尾部
2      void afterNodeAccess(HashMap.Node<K,V> e) { //move node to last
3          LinkedHashMap.Entry<K,V> last;
4          //当 accessOrder = true 并且当前节点不等于尾节点 tail 这里将 last 节点赋值为
tail 节点
5          if (accessOrder && (last = tail) != e) {
6              //记录当前节点的上一个节点 b 和下一个节点 a
7              LinkedHashMap.Entry<K,V> p =
8                  (LinkedHashMap.Entry<K,V>)e, b = p.before, a = p.after;
9              //释放当前节点和后一个节点的关系
10             p.after = null;
11             //如果当前节点的前一个节点为 null
12             if (b == null)
13                 //头节点 = 当前节点的下一个节点
```

```
14              head = a;
15          else
16              //否则 b 的后节点指向 a
17              b.after = a;
18          //如果 a != null
19          if (a != null)
20              //a 的前一个节点指向 b
21              a.before = b;
22          else
23              //b 设为尾节点
24              last = b;
25          //如果尾节点为 null
26          if (last == null)
27              //头节点设为 p
28              head = p;
29          else {
30              //否则将 p 放到双向链表的最后
31              p.before = last;
32              last.after = p;
33          }
34          //将尾节点设为 p
35          tail = p;
36          //LinkedHashMap 对象操作次数+1,用于快速失败校验
37          ++modCount;
38      }
39  }
```

该方法是在 accessOrder = true 并且插入的当前节点不等于尾节点时,该方法才会生效。并且该方法的作用是将插入的节点变为尾节点,后面在 get 方法中也会调用。代码实现可能比较复杂,可以借助图 2-16 来理解。

4. afterNodeInsertion(evict)方法

```
1  voidafterNodeInsertion(boolean evict) { //possibly remove eldest
2      LinkedHashMap.Entry<K,V> first;
3      if (evict && (first = head) != null && removeEldestEntry(first)) {
4          K key = first.key;
5          removeNode(hash(key), key, null, false, true);
6      }
7  }
```

该方法用来移除最老的首节点,首先该方法要能执行到 if 语句里面,必须使 evict = true,并且头节点不为 null,并且 removeEldestEntry(first) 返回 true,这三个条件必须同时满足,前面两个好理解,主要介绍一下最后这个方法条件。

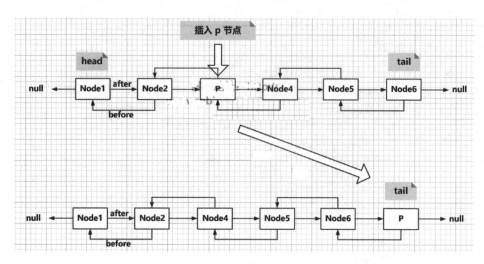

●图 2-16　afterNodeAccess（e）方法

```
1   protected booleanremoveEldestEntry(Map.Entry<K,V> eldest) {
2       return false;
3   }
```

该方法直接返回的是 false，也就是说不会进入到 if 方法体内，那这是怎么回事呢？

这其实是在实现 LRU（Least Recently Used，最近最少使用）Cache 时，重写的一个方法。比如在 mybatis-connector 包中，有这样一个类：

```
1   package com.mysql.jdbc.util;
2
3   import java.util.LinkedHashMap;
4   import java.util.Map.Entry;
5
6   public class LRUCache<K, V> extends LinkedHashMap<K, V> {
7       private static final long serialVersionUID = 1L;
8       protected int maxElements;
9
10      public LRUCache(int maxSize) {
11          super(maxSize, 0.75F, true);
12          this.maxElements = maxSize;
13      }
14
15      protected boolean removeEldestEntry(Entry<K, V> eldest) {
16          return this.size() > this.maxElements;
17      }
18  }
```

可以看到，它重写了 removeEldestEntry（Entry<K，V> eldest）方法，当元素的个数大于设

定的最大个数，便移除首元素。

2.5.5 删除元素

删除元素也是调用 HashMap 的 remove 方法，这里不作过多的讲解，着重介绍 Linked-HashMap 重写的第 46 行方法。

```
1    public V remove(Object key) {
2        Node<K,V> e;
3        return (e = removeNode(hash(key), key, null, false, true)) == null ?
4            null : e.value;
5    }
6
7    final Node<K,V> removeNode(int hash, Object key, Object value,
8            boolean matchValue, boolean movable) {
9        Node<K,V>[] tab; Node<K,V> p; int n, index;
10       //(n - 1) & hash 找到桶的位置
11       if ((tab = table) != null && (n = tab.length) > 0 &&
12       (p = tab[index = (n - 1) & hash]) != null) {
13       Node<K,V> node = null, e; K k; V v;
14           //如果键的值与链表第一个节点相等,则将 node 指向该节点
15           if (p.hash == hash &&
16           ((k = p.key) == key || (key != null && key.equals(k))))
17           node = p;
18           //如果桶节点存在下一个节点
19           else if ((e = p.next) != null) {
20               //节点为红黑树
21           if (p instanceof TreeNode)
22           node = ((TreeNode<K,V>)p).getTreeNode(hash, key);//找到需要删除的红黑树
节点
23           else {
24           do {//遍历链表,找到待删除的节点
25               if (e.hash == hash &&
26                   ((k = e.key) == key ||
27                   (key != null && key.equals(k)))) {
28                       node = e;
29                       break;
30               }
31               p = e;
32           } while ((e = e.next) != null);
33           }
```

```
34              }
35          //删除节点,并进行调节红黑树平衡
36          if (node != null && (!matchValue || (v = node.value) == value ||
37                  (value != null && value.equals(v)))) {
38          if (node instanceof TreeNode)
39          ((TreeNode<K,V>)node).removeTreeNode(this, tab, movable);
40          else if (node == p)
41          tab[index] = node.next;
42          else
43          p.next = node.next;
44          ++modCount;
45          --size;
46          afterNodeRemoval(node);
47          return node;
48          }
49      }
50      return null;
51  }
```

看一下第 46 行代码实现：

```
voidafterNodeRemoval(Node<K,V> e) { //unlink
    LinkedHashMap.Entry<K,V> p =
        (LinkedHashMap.Entry<K,V>)e, b = p.before, a = p.after;
    p.before = p.after = null;
    if (b == null)
        head = a;
    else
        b.after = a;
    if (a == null)
        tail = b;
    else
        a.before = b;
}
```

该方法其实很好理解，就是当删除某个节点时，为了保证链表还是有序的，那么必须维护其前后节点。而该方法的作用就是维护删除节点的前后节点关系。

2.5.6　查找元素

相比于 HashMap 的 get 方法，这里多出了第 5 和第 6 行代码，当 accessOrder = true 时，即表示按照最近访问的迭代顺序，会将访问过的元素放在链表后面。

```
1    public V get(Object key) {
2        Node<K,V> e;
3        if ((e = getNode(hash(key), key)) == null)
4            return null;
5        if (accessOrder)
6            afterNodeAccess(e);
7        return e.value;
8    }
```

对于 afterNodeAccess(e)方法,2.5.4 节添加元素已经介绍过了,这里不再介绍。

2.5.7　遍历元素

在介绍 HashMap 时,介绍了 4 种遍历方式,同理,对于 LinkedHashMap 也有 4 种,这里介绍效率较高的两种遍历方式:

```
LinkedHashMap<String,String> map = new LinkedHashMap<>();
map.put("A","1");
map.put("B","2");
map.put("C","3");
map.get("B");
```

1. 得到 Entry 集合,然后遍历 Entry

```
Set<Map.Entry<String,String>>entrySet = map.entrySet();
for(Map.Entry<String,String> entry : entrySet ){
    System.out.println(entry.getKey()+"---"+entry.getValue());
}
```

2. 迭代

```
Iterator<Map.Entry<String,String>> iterator = map.entrySet().iterator();
while(iterator.hasNext()){
    Map.Entry<String,String> entry = iterator.next();
    System.out.println(entry.getKey()+"----"+entry.getValue());
}
```

这两种效率都不错,通过迭代的方式可以边遍历边删除元素,而第一种遍历方法删除元素时会报错。

打印结果如下所示。

1---1

2---2

3---3

1----1

2----2

3----3

2.5.8　迭代器

把上面遍历的 LinkedHashMap 构造函数改成下面的形式：

```
LinkedHashMap<String,String> map = new LinkedHashMap<>(16,0.75F,true);
```

也就是说将 accessOrder = true，表示按照访问顺序来遍历，注意看 2.5.7 节第 5 行代码：map. get("B")。也就是说设置 accessOrder = true 之后，那么 B---2 应该是最后输出，看一下打印结果：

1----1

C---3

B----2

追溯源码：首先使用 map. entrySet( ) 方法：

```
public Set<Map.Entry<K,V>>entrySet() {
    Set<Map.Entry<K,V>> es;
    return (es = entrySet) == null ? (entrySet = new LinkedEntrySet()) : es;
}
```

发现 entrySet = new LinkedEntrySet( )，接下来查看 LinkedEntrySet 类。

```
final classLinkedEntrySet extends AbstractSet<Map.Entry<K,V>> {
    public final int size()              { return size; }
    public final void clear()            { LinkedHashMap.this.clear(); }
    public final Iterator<Map.Entry<K,V>> iterator() {
        return new LinkedEntryIterator();
    }
```

这是一个内部类，查看其 iterator( )方法，发现又创建了一个新对象 LinkedEntryIterator，接着看这个类。

```
final classLinkedEntryIterator extends LinkedHashIterator
    implements Iterator<Map.Entry<K,V>> {
    public final Map.Entry<K,V> next() { return nextNode(); }
}
```

这个类继承 LinkedHashIterator。

```
abstract classLinkedHashIterator {
    LinkedHashMap.Entry<K,V> next;
    LinkedHashMap.Entry<K,V> current;
    int expectedModCount;
```

```
LinkedHashIterator() {
    next = head;
    expectedModCount = modCount;
    current = null;
}

public final boolean hasNext() {
    return next != null;
}

final LinkedHashMap.Entry<K,V> nextNode() {
    //通过遍历链表的方式来遍历整个 LinkedHashMap .
    LinkedHashMap.Entry<K,V> e = next;
    if (modCount != expectedModCount)
        throw new ConcurrentModificationException();
    if (e == null)
        throw new NoSuchElementException();
    current = e;
    next = e.after;
    return e;
}

public final void remove() {
    Node<K,V> p = current;
    if (p == null)
        throw new IllegalStateException();
    if (modCount != expectedModCount)
        throw new ConcurrentModificationException();
    current = null;
    K key = p.key;
    removeNode(hash(key), key, null, false, false);
    expectedModCount = modCount;
}
}
```

该类通过遍历链表的方式来遍历整个 LinkedHashMap。

通过上面的介绍，关于 LinkedHashMap ，直接用图 2-17 来解释：

去掉红色和蓝色的虚线指针，其实就是一个 HashMap。

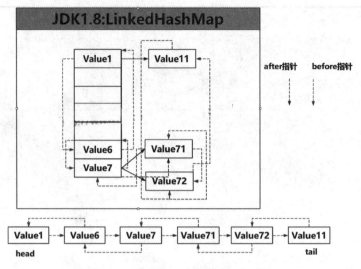

●图2-17 JDK 1.8 中的 LinkedHashMap

2.6 基于树实现的类——TreeMap 类

前面小节分别介绍了这样几种集合：基于数组实现的 ArrayList 类、基于链表实现的 LinkedList 类和基于散列表实现的 HashMap 类，本节介绍另一种数据类型——基于树实现的 TreeMap 类。

2.6.1 TreeMap 定义

TreeMap 是由 Tree 和 Map 集合有关的，TreeMap 是由红黑树实现的有序的 key-value 集合。TreeMap 类结构如图 2-18 所示。

注意：

想要学懂 TreeMap 的实现原理，了解红黑树（请参考附录红黑树）是必不可少的。

```
public classTreeMap<K,V>
    extends AbstractMap<K,V>
    implements NavigableMap<K,V>, Cloneable, java.io.Serializable
```

TreeMap 首先继承了 AbstractMap 抽象类，表示它具有散列表的性质，也就是由 key-value 组成。

其次 TreeMap 实现了 NavigableMap 接口，该接口支持一系列获取指定集合的导航方法，比如获取小于指定 key 的集合。

最后分别实现 Serializable 接口以及 Cloneable 接口，分别表示支持对象序列化以及对象克隆（参考 1.2 节 Java 的深拷贝和浅拷贝内容）。

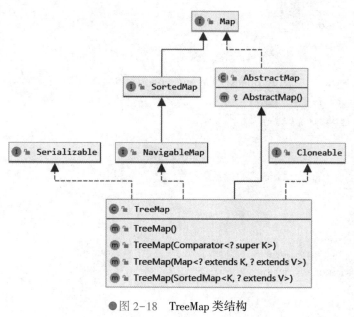

●图 2-18 TreeMap 类结构

2.6.2 字段定义

1. Comparator

```
    /**
* The comparator used to maintain order in this tree map, or
* null if it uses the natural ordering of its keys.
*
* @serial
*/private final Comparator<? super K> comparator;
```

可以看上面的英文注释，Comparator 是用来维护 treemap 集合中的顺序，如果为 null，则按照 key 的自然顺序排序。

Comparator 是一个接口，排序时需要实现其 compare 方法，该方法返回正数、零、负数分别代表大于、等于、小于。那么怎么使用呢？这里举个例子：

这里有一个 Person 类，里面有两个属性 pname 和 page，将该 person 对象放入 ArrayList 集合时，需要对其按照年龄进行排序。

```
package com.kkb.test;

public class Person {

    private String pname;
    private Integer page;
```

```java
    public Person() {
    }

    public Person(String pname, Integer page) {
        this.pname = pname;
        this.page = page;
    }

    public String getPname() {
        return pname;
    }

    public void setPname(String pname) {
        this.pname = pname;
    }

    public Integer getPage() {
        return page;
    }

    public void setPage(Integer page) {
        this.page = page;
    }

    @Override
    public String toString() {
        return "Person{" + "pname='" + pname + '\"' + ", page=" + page + '}';
    }
}
```

排序代码如下所示。

```java
List<Person> personList = new ArrayList<>();
    personList.add(new Person("李四", 20));
    personList.add(new Person("张三", 10));
    personList.add(new Person("王五", 30));
    System.out.println("原始顺序为:" + personList.toString());
    Collections.sort(personList, new Comparator<Person>() {
        @Override
        public int compare(Person o1, Person o2) {
            //升序
            //return o1.getPage()-o2.getPage();
            //降序
```

```
            return o2.getPage() - o1.getPage();
            //不变
            //return 0
        }
    });
    System.out.println("排序后顺序为:" + personList.toString());
}
```

打印结果如下:

原始顺序为:[Person{pname='李四',page=20},{pname='张三',page=10},{pname='王五',page=30}]

排序后顺序为:[Person{pname='王五',page=30},Person{pname='李四',page=20},{pname='张三',page=10}]

2. Entry

```
private transient Entry<K,V> root;
```

Entry 详细源码如下:

```
static final class Entry<K,V> implements Map.Entry<K,V> {
    K key;
    V value;
    Entry<K,V> left;
    Entry<K,V> right;
    Entry<K,V> parent;
    boolean color = BLACK;

    Entry(K key, V value, Entry<K,V> parent) {
        this.key = key;
        this.value = value;
        this.parent = parent;
    }

    public K getKey() {
        return key;
    }

    public V getValue() {
        return value;
    }

    public V setValue(V value) {
        V oldValue = this.value;
```

```
        this.value = value;
        return oldValue;
    }

    public boolean equals(Object o) {
        if (!(o instanceof Map.Entry))
            return false;
        Map.Entry<?,?> e = (Map.Entry<?,?>)o;

        return valEquals(key,e.getKey()) && valEquals(value,e.getValue());
    }

    public int hashCode() {
        int keyHash = (key==null ? 0 : key.hashCode());
        int valueHash = (value==null ? 0 : value.hashCode());
        return keyHash ^valueHash;
    }

    public String toString() {
        return key + "=" + value;
    }
}
```

这里主要看 Entry 类的几个字段：

```
K key;
V value;
Entry<K,V> left;
Entry<K,V> right;
Entry<K,V> parent;
boolean color = BLACK;
```

了解红黑树（请参考附录红黑树）的人，一看这几个字段就会明白，这也印证了前面所说的 TreeMap 底层有红黑树这种数据结构。

3. Size

Size 用来表示 entry 的个数，也就是 key-value 的个数。

```
private transient int size = 0;
```

4. modCount

在 ArrayList、LinkedList、HashMap 等线程不安全的集合中都有此字段，用来实现 Fail-Fast 机制，如果在迭代这些集合的过程中，有其他线程修改了这些集合，就会抛出 Concur-rentModificationException 异常。

```
private transient intmodCount = 0;
```

5. 红黑树常量

```
private static final boolean RED   = false;
private static final boolean BLACK = true;
```

2.6.3　构造函数

1. 无参构造函数

```
publicTreeMap() {
    comparator = null;
}
```

将比较器 comparator 置为 null，表示按照 key 的自然顺序进行排序。

2. 带比较器的构造函数

```
publicTreeMap(Comparator<? super K> comparator) {
    this.comparator = comparator;
}
```

该过程中需要自己实现 Comparator。

3. 构造包含指定 map 集合的元素

```
publicTreeMap(Map<? extends K, ? extends V> m) {
    comparator = null;
    putAll(m);
}
```

使用该构造器创建的 TreeMap，会默认插入 m 表示的集合元素，并且 comparator 表示按照自然顺序进行插入。

4. 带 SortedMap 的构造函数

```
publicTreeMap(SortedMap<K, ? extends V> m) {
    comparator = m.comparator();
    try {
        buildFromSorted(m.size(), m.entrySet().iterator(), null, null);
    } catch (java.io.IOException cannotHappen) {
    } catch (ClassNotFoundException cannotHappen) {
    }
}
```

和上面带 Map 的构造函数不一样，map 是无序的，而 SortedMap 是有序的，使用 build-FromSorted( )方法将 SortedMap 集合中的元素插入到 TreeMap 中。

2.6.4　添加元素

添加元素，如果初始化 TreeMap 构造函数时，没有传递 comparator 类，是不允许插入

key==null 的键值对的，相反，如果实现了 Comparator，则可以传递 key=null 的键值对。

```java
//添加元素
public V put(K key, V value) {
    Entry<K,V> t = root;
    //如果根节点为空,即 TreeMap 中一个元素都没有,那么设置新添加的元素为根节点
    //并且设置集合大小 size=1,以及 modCount+1,这是用于快速失败校验
    if (t == null) {
        compare(key, key); //type (and possibly null) check

        root = new Entry<>(key, value, null);
        size = 1;
        modCount++;
        return null;
    }
    int cmp;
    Entry<K,V> parent;
    //split comparator and comparable paths
    Comparator<? super K> cpr = comparator;
    //如果比较器不为空,即初始化 TreeMap 构造函数时,则传递 comparator 类
    //那么插入新的元素时,按照 comparator 实现的类进行排序
    if (cpr != null) {
        //通过 do-while 循环不断遍历树,调用比较器对 key 值进行比较
        do {
            parent = t;
            cmp = cpr.compare(key, t.key);
            if (cmp < 0)
                t = t.left;
            else if (cmp > 0)
                t = t.right;
            else
                //遇到 key 相等,直接将新值覆盖到原值上
                return t.setValue(value);
        } while (t != null);
    }
    //如果比较器为空,即初始化 TreeMap 构造函数时,没有传递 comparator 类
    //如果比较器为空,即初始化 TreeMap 构造函数时,没有传递 comparator 类
    else {
        //如果 key==null,直接抛出异常
        //注意,上面构造 TreeMap 传入了 Comparator,可以允许 key==null
        if (key == null)
            throw new NullPointerException();
        @SuppressWarnings("unchecked")
```

```
        Comparable<? super K> k = (Comparable<? super K>) key;
    do {
        parent = t;
        cmp = k.compareTo(t.key);
        if (cmp < 0)
            t = t.left;
        else if (cmp > 0)
            t = t.right;
        else
            return t.setValue(value);
    } while (t != null);
}
//找到父亲节点,根据父亲节点创建一个新节点
Entry<K,V> e = new Entry<>(key, value, parent);
if (cmp < 0)
    parent.left = e;
else
    parent.right = e;
//修正红黑树(包括节点的左旋和右旋,具体可以看附录红黑树的介绍)
fixAfterInsertion(e);
size++;
modCount++;
return null;
}
```

　　另外，当插入一个新的元素后（除了根节点），会对 TreeMap 数据结构进行修正，也就是对红黑树进行修正，使其满足红黑树的几个特点，具体修正方法包括改变节点颜色、左旋、右旋等操作，这里不做详细介绍了（参考附录红黑树）。

2.6.5　删除元素

　　TreeMap 根据 key 删除，代码如下所示。

```
public V remove(Object key) {
    //根据 key 找到该节点
    Entry<K,V> p = getEntry(key);
    if (p == null)
        return null;
    //获取该节点的 value,并返回
    V oldValue = p.value;
        //调用 deleteEntry()方法删除节点
    deleteEntry(p);
```

```
        return oldValue;
    }

private void deleteEntry(Entry<K,V> p) {
        modCount++;
        size--;

        //如果删除节点的左右节点都不为空,即有两个孩子
        if (p.left != null && p.right != null) {
            //得到该节点的中序后继节点
            Entry<K,V> s = successor(p);
            p.key = s.key;
            p.value = s.value;
            p = s;
        } //p has 2 children

        //Start fixup at replacement node, if it exists.
        Entry<K,V> replacement = (p.left != null ? p.left : p.right);
        //待删除节点只有一个子节点,直接删除该节点,并用该节点的唯一子节点顶替该节点
        if (replacement != null) {
            //Link replacement to parent
            replacement.parent = p.parent;
            if (p.parent == null)
                root = replacement;
            else if (p == p.parent.left)
                p.parent.left  = replacement;
            else
                p.parent.right = replacement;

            //Null out links so they are OK to use by fixAfterDeletion.
            p.left = p.right = p.parent = null;

            //Fix replacement
            if (p.color == BLACK)
                fixAfterDeletion(replacement);
        //TreeMap 中只有待删除节点 P,也就是只有一个节点,直接返回 null 即可
        } else if (p.parent == null) { //return if we are the only node.
            root = null;
        } else { //  No children. Use self as phantom replacement and unlink.
            //待删除节点没有子节点,即为叶子节点,直接删除即可
            if (p.color == BLACK)
                fixAfterDeletion(p);
```

```
        if (p.parent != null) {
            if (p == p.parent.left)
                p.parent.left = null;
            else if (p == p.parent.right)
                p.parent.right = null;
            p.parent = null;
        }
    }
}
```

删除节点分为以下几种情况：

1）根据 key 没有找到该节点：也就是集合中不存在这一个节点，直接返回 null 即可。

2）根据 key 找到节点，又分为三种情况：

① 待删除节点没有子节点，即为叶子节点：直接删除该节点即可。

② 待删除节点只有一个子节点：那么首先找到待删除节点的子节点，然后删除该节点，用其唯一子节点顶替该节点。

③ 待删除节点有两个子节点：首先找到该节点的中序后继节点；然后把这个后继节点的内容复制给待删除节点，然后删除该中序后继节点，删除过程又转换成前面①、②两种情况，这里主要是找到中序后继节点，相当于待删除节点的一个替身。

2.6.6 查找元素

TreeMap 根据 key 查找元素。

```
public V get(Object key) {
    Entry<K,V> p = getEntry(key);
    return (p==null ? null : p.value);
    }


final Entry<K,V> getEntry(Object key) {
    //Offload comparator-based version for sake of performance
    if (comparator != null)
        return getEntryUsingComparator(key);
    if (key == null)
        throw new NullPointerException();
    @SuppressWarnings("unchecked")
        Comparable<? super K> k = (Comparable<? super K>) key;
    Entry<K,V> p = root;
    while (p != null) {
        int cmp = k.compareTo(p.key);
        if (cmp < 0)
```

```
                p = p.left;
            else if (cmp > 0)
                p = p.right;
            else
                return p;
        }
        return null;
    }
```

2.6.7 遍历元素

遍历元素通常有下面两种方法，其中第二种方法效率要快很多。

```
TreeMap<String,Integer> map = new TreeMap<>();
map.put("A",1);
map.put("B",2);
map.put("C",3);

//第一种方法
//首先利用 keySet()方法得到 key 的集合,然后利用 map.get()方法根据 key 得到 value
Iterator<String> iterator = map.keySet().iterator();
while(iterator.hasNext()){
    String key = iterator.next();
    System.out.println(key+":"+map.get(key));
}

//第二种方法
Iterator<Map.Entry<String,Integer>> iterator1 = map.entrySet().iterator();
while(iterator1.hasNext()){
    Map.Entry<String,Integer> entry = iterator1.next();
    System.out.println(entry.getKey()+":"+entry.getValue());
}
```

2.7 本章小结

本章主要介绍了 Java 数据结构中几种重要的实现集合类——Arrays 类、Arraylist 类、LinkedList 类、HashMap 类、LinkedHashMap 类和 TreeMap 类。分别从类的定义、字段属性、构造函数、编辑元素和遍历集合等几个方面对它们进行了介绍和分析。这几种类是 Java 数据结构中常用的功能，也是本书的重点内容。

扫一扫观看串讲视频

第3章

Java 并发包原子类

　　原子操作是指一个或者多个操作，要么全部成功执行，要么全部失败，不会出现成功一半或者失败一半的中间状态。多线程并发操作同一变量时，一般是通过加锁的方式来保证操作的原子性，最常用的就是使用 synchronized 同步锁。使用加锁的方式，在高并发场景下，线程会被频繁的挂起和唤醒，这是比较消耗机器性能的。

　　JUC 包提供了一系列常用数据结构的原子类，这些类位于 Java. util. concurrent. atomic 包下，这些类都是使用 CAS 实现的，相比使用锁的方式在性能上有很大提高。可以在高并发场景下，在保证线程安全的同时，以更简单、高效的方式操作一个共享变量。

　　在 JDK 1.5 中，JUC 提供了 12 个原子类，它们的实现原理很相似，下面以 AtomicLong 为例来讲解它们的实现原理。JDK 1.8 新增了 4 个高性能原子类，实现原理也是类似的，下面以 LongAdder 为例来讲解它们的实现原理。

3.1　原子变量操作类 AtomicLong

　　JUC 包中包含三个基本类型原子操作类。AtomicBoolean 为 Boolean 类型原子类；AtomicInteger 为 Integer 类型原子类；AtomicLong 为 Long 类型原子类。它们的原理类似，本节讲解 AtomicLong 的实现，AtomicLong 主要通过 Unsafe 类的 CAS 原子更新方法实现原子递增或者递减操作。

　　AtomicLong 的实现并不复杂，所有的操作都是针对内部的 value 字段。AtomicLong 的几个原子更新方法的原理是一样的，下面仅以 getAndIncrement 方法来分析。AtomicLong 的主要代码实现如下所示。

```java
public classAtomicLong extends Number implements java.io.Serializable {
    //Unsafe 实例
    private static final Unsafe unsafe = Unsafe.getUnsafe();
    //value 的偏移量
    private static final longvalueOffset;

    static {
        try {
            //获取 value 变量在 AtomicLong 类中的偏移量,保存到 valueOffset 中
            valueOffset = unsafe.objectFieldOffset
                (AtomicLong.class.getDeclaredField("value"));
        } catch (Exception ex) { throw new Error(ex); }
    }
    //实际操作的变量值,初始值为 0
    private volatile long value;

    //构造函数
    publicAtomicLong(long initialValue) {
        value = initialValue;
```

```
    }
    publicAtomicLong() {
    }

    //原子更新方法,累加 1
    public final longgetAndIncrement() {
        return unsafe.getAndAddLong(this, valueOffset, 1L);
    }
    ......
}
```

value 字段，是一个 volatile 型 long 变量，volatile 关键字保证了 value 变量的更新对所有线程立即可见。AtomicInteger 的使用很简单，使用示例代码如下所示。

Main 类：单元测试类。

Accumlator 类：累加任务类。

```
public class Main {
  public static void main(String[] args) throws InterruptedException {
      //创建 10 个线程,同时对同一个 atomicInteger 实例对象执行累加操作
      AtomicInteger aiShare=new AtomicInteger();
      List<Thread> list = new ArrayList<>();
      for (int i = 0; i < 10; i++) {
          Thread t = new Thread(new Accumlator(aiShare));
          list.add(t);
          t.start();
      }

      //等待所有线程运行结束
      for (Thread t : list) {
          t.join();
      }

      //输出 aiShare 的值
      System.out.println(aiShare.get());
  }
}
public classAccumlator implements Runnable {
    private AtomicInteger ai;
    Accumlator(AtomicInteger ai) {
        this.ai = ai;
    }
    @Override
    public void run() {
```

```
//每个线程都执行1000次自增操作
for (int i = 0; i < 1000; i++) {
    ai.getAndIncrement();
}
}
}
```

上述代码创建了 10 个线程，每个线程对同一个 AtomicInteger 变量 aiShare 执行 1000 次的自增操作，使用 AtomicLong 的 getAndIncrement 方法，实现自增操作的原子性。运行单元测试类 Main，可以看到在 10 个线程都运行结束后，aiShare 的最终值为 10000。

而如果将 AtomicLong 类换成 Long 类实现自增操作，在多线程并发时就不能保证自增操作的原子性，最终值往往会小于 10000。

```
public final longgetAndIncrement() {
    return unsafe.getAndAddLong(this, valueOffset, 1L);
}
```

可以看到，在 getAndIncrement 方法内部，直接调用了 unsafe 类的 getAndAddLong 方法。getAndAddLong 这个方法可以将当前 AtomicLong 实例对象中内存偏移量 valueOffset 对应的字段（即 value 变量）加 1。

Unsafe. getAndAddLong 内部调用了 compareAndSwapLong 方法尝试更新对应偏移量地址的值，如果成功就退出，否则就再次尝试直到成功为止。这个方法具体的描述参见附录中 Unsafe 类一节，这里就不再赘述了。

```
public final longgetAndAddLong(Object o, long offset, long delta) {
    long v;
    do {
        v =getLongVolatile(o, offset);
    } while (!compareAndSwapLong(o, offset, v, v + delta));
    return v;
}
```

AtomicLong 中的其他方法都很类似，最终都会调用到 compareAndSwapLong ( ) 来保证 value 值更新的原子性，compareAndSwapLong 方法是一个 CAS 原子更新操作。

AtomicLong 使用 CAS 机制实现原子更新操作，相比加锁的方式可以获得更好的并发性能。但是当多线程同时竞争同一个 AtomicLong 对象仍然会存在性能瓶颈，可以使用 JDK 1.8 中新增的高性能 LongAdder 类来替换 AtomicLong 类获得更好的并发性能。

3.2 高性能原子操作类 LongAdder

在 JDK 1.8 中，新增了 4 个高性能原子类。这 4 个类使用了分段锁的思想，将不同的线程映射到到不同的数据段上去更新，将这些段的值相加就能得到最终的值。

LongAccumulator：Long 类型的聚合器，需要传入一个 Long 类型的二元操作，可以用来计算各种聚合操作，包括加乘等。

DoubleAccumulator：Double 类型的聚合器，需要传入一个 Double 类型的二元操作，可以用来计算各种聚合操作，包括加乘等。

LongAdder：Long 类型的累加器，是 LongAccumulator 的特例，只能用来计算加法，从 0 开始计算。

DoubleAdder：Double 类型的累加器，是 DoubleAccumulator 的特例，只能用来计算加法，从 0 开始计算。

这四个类的实现原理基本相同，本节以 LongAdder 为例来讲解它们的实现原理。LongAdder 采用了以空间换时间的思想，在高并发的场景下，LongAdder 相比 AtomicLong 具有更好的性能。

3.2.1　LongAdder 介绍

LongAdder 类图结构，如图 3-1 所示。

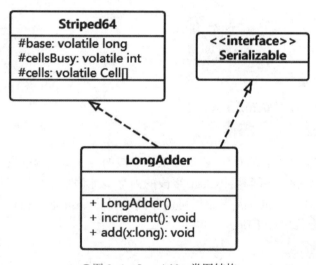

●图 3-1　LongAdder 类图结构

LongAdder 继承自 Striped64。Striped64 是一个抽象类，用来实现累加功能，它是实现高并发累加的工具类。在 Striped64 内部定义了三个变量，LongAdder 的真实值其实就是将 base 的值与 cells 数组元素值累加。

AtomicLong 使用内部变量 value 保存着实际的 long 值，所有线程的读写操作都是针对一个变量进行。也就是说，在高并发环境下，N 个线程会同时竞争一个热点 value 变量的读写。

而 LongAdder 的基本思路就是分散并发冲突时的热点。在没有线程竞争的情况下，将要累加的数累加到一个热点 base 基础值上；当有线程竞争时，将热点分散到 cells 数组中，不同线程映射到不同的数组位置上，每个线程对对应位置中的元素进行 CAS 递增或者递减操作，这样就从一个热点分散成了多个热点，发生并发冲突的概率就会小很多。LongAdder 类内部有三个重要的成员变量：基础值 base、数组 cells 和锁标识 cellsBusy。LongAdder 的所有的操作都是基于这三个变量进行的。

1）base 变量为 long 类型，在没有线程竞争时，执行递增/递减操作会直接 CAS 更新该变量。

2）cells 为 Cell 类型数组，在有线程竞争时，每个线程会映射到对应的 Cell[i] 上进行 CAS 更新操作。

3）cellsBusy 为锁标识。在 cells 初始化时或者扩容时使用，保证 cells 变量的线程安全。

如果要获取 LongAdder 当前值，只需要将 base 变量和 cells 数组中的所有元素值累加返回即可。LongAdder 当前值的计算公式如下：

$$ualue = base + \sum_{i=1}^{n} Cell[i]$$

```
//计数基值.在无线程竞争时,cells 未初始化前或者 cells 初始化时其他线程会累加到 base 上
transient volatile long base

//计数数组,数组长度为 2 的 n 次幂
transient volatile Cell[] cells;

//锁标识.cellsBusy = 0,代表锁空闲,cellsBusy = 1,锁被占用
transient volatile intcellsBusy;
```

LongAdder 只有一个默认构造函数。

```
publicLongAdder() {}
```

在父类 Striped64 中，定义了 LongAdder 类中字段的内存地址偏移量。在 static 代码块中使用 Unsafe 实例初始化 base 和 cellsBusy 字段的内存地址偏移量，用于后续的 CAS 更新操作。其中 threadLocalRandomProbe 字段，可以看做线程的 hash 值，在计算线程映射 cells 索引位置时使用，主要代码如下所示。

```
private static final sun.misc.Unsafe UNSAFE;
//base 字段的内存偏移量
private static final long BASE;

//cellsBusy 字段的内存偏移量
private static final long CELLSBUSY;

//线程的 threadLocalRandomProbe 字段的内存偏移量
private static final long PROBE;

static {
//初始化字段的内存地址偏移量
    try {
```

```
        UNSAFE = sun.misc.Unsafe.getUnsafe();
        Class<?> sk = Striped64.class;
        BASE = UNSAFE.objectFieldOffset
            (sk.getDeclaredField("base"));
        CELLSBUSY = UNSAFE.objectFieldOffset
            (sk.getDeclaredField("cellsBusy"));
        Class<?> tk = Thread.class;
        PROBE = UNSAFE.objectFieldOffset
            (tk.getDeclaredField("threadLocalRandomProbe"));
    } catch (Exception e) {
        throw new Error(e);
    }
}
```

数组 cells 的元素类型为 Cell，Cell 类是 Striped64 中定义的一个静态内部类，Cell 定义了一个 volatile 类型 value 字段，对 cells 中元素的读写操作实际上都是针对 Cell 中 value 字段进行的，Cell 类定义如下代码所示。

```
static final class Cell {
    volatile long value;
    Cell(long x) { value = x; }

    //CAS 更新 value 的值,更新成功返回 true
    final boolean cas(long cmp, long val) {
        return UNSAFE.compareAndSwapLong(this, valueOffset, cmp, val);
    }

    //Unsafe 实例,用于 CAS 操作
    private static final sun.misc.Unsafe UNSAFE;

    //value 字段的内存偏移量
    private static final long valueOffset;
    static {
        //初始化 value 字段的内存地址偏移量
        try {
            //获取 Unsafe 实例
            UNSAFE = sun.misc.Unsafe.getUnsafe();
            Class<?> ak = Cell.class;
            valueOffset = UNSAFE.objectFieldOffset
                (ak.getDeclaredField("value"));
        } catch (Exception e) {
            throw new Error(e);
        }
```

```
    }
  }
```

3.2.2 LongAdder 源码解析

1. add 方法：更新数值

LongAdder 更新数值的方法有 decrement、increment 和 add。查看源码可以看到递减 decrement 方法和递增 increment 方法实际上都是通过直接调用 add 方法实现的。

```
//add 方法是累加方法,参数 x 为要累加的值
public void add(long x)
```

LongAdder 的 add 方法使用很简单，如下代码所示。

```
//定义 LongAdder 实例,并增加 5
LongAdder la = new LongAdder();
la.add(5);
```

在一个 LongAdder 实例创建后，内部字段的初始值：cells 数组为 null，base 为 0，cellsBusy 为 0。

```
public void add(long x) {
    Cell[] as; long b, v; int m; Cell a;
    //<1>无并发冲突,累加值增加到变量 base 上
    if ((as = cells) != null || !casBase(b = base, b + x)) {
        booleanuncontended = true;
        //<2>代码运行到这里,说明有并发冲突时,这时累加值增加到 cells 中
        if (as == null //cells 未初始化
            || (m = as.length - 1) < 0 || //cells 长度为 0
            (a = as[getProbe() & m]) == null || //计算当前线程对应 cells 的索引值
            !(uncontended = a.cas(v = a.value, v + x))//首次尝试 CAS 更新槽中的值,更
新成功直接退出
            )
            //CAS 更新失败,这时 uncontended=false
            longAccumulate(x, null, uncontended);
    }
}
```

可以看到，在 add 方法内只有在未出现过并发冲突时，base 字段才会使用到。一旦出现了并发冲突，之后所有的读写操作都只针对 cells 数组中的元素。

add 方法的主要逻辑如下：

1）无线程竞争时，将值累加到 base 变量上。

当 LongAdder 实例创建后，cells 初始状态为 null，如果同时只有一个线程执行 add 操

作。这时是没有并发冲突的，执行 CAS 操作 casBase 方法会将累加值 x 直接累加到变量 base 上。如果所有的线程都是串行执行 add 操作，线程之间没有并发冲突，那么 casBase 方法就永远不会失败，所有的值都会被累加到 base 上。

```
(as = cells) != null ‖ !casBase(b = base, b + x)
```

2）如果有线程竞争，将值累加到 cells 数组中。

有两种情况都要将值累加到 cells 数组中。

① 如果 cells 不为 null，说明之前发生过并发冲突，则认为此时产生并发冲突的概率也比较高，直接将值累加到 cells 数组中。

② 如果 casBase 方法失败，CAS 更新 base 变量失败，说明当前线程和其他线程发生了并发冲突，需要将值累加到 cells 数组。

线程会先尝试执行 CAS 操作将值累加到 cells 对应索引位置，更新成功则直接退出。更新失败会进入 longAccumulate 方法继续尝试更新。

一共有三种情况会进入 longAccumulate 方法：cells 未初始化，对应索引位置未初始化或者 CAS 更新失败。

线程运行到代码<2>处，说明有线程竞争，需要将值累加到 cells 数组中，。在代码<2>处的 if 中一共判断了 4 个条件，前两个条件代表 cells 没有初始化。将值累加到 cells 对应槽中时会首先判断 cells 数组是否已经初始化，如果已经初始化过了，并且线程对应索引位置也同时完成了初始化，线程执行 CAS 操作将值累加到 cells 对应索引位置中。计算线程对应 cells 数据索引位置时使用 getProbe( ) & (cells. length − 1)，其中 getProbe( ) 可以看作当前线程的 hash 值。否则，如果 cells 数组未初始化，不能将值累加到对应索引位置中，这时直接进入 longAccumulate 方法。第三个条件如果为 true，代表对应槽未初始化，说明之前没有线程在此索引位置上做过累加操作。第四个条件如果为 true，代表 CAS 更新槽中的值失败，说明当前线程和其他线程产生了冲突。这时 uncontended＝false。

longAccumulate 是 LongAdder 类最核心的方法，下面重点分析 longAccumulate 的代码逻辑。add 方法进入 longAccumulate 时，第一个参数 x 为要累加的值，第二参数个为 null，第三个为 wasUncontended 为 false 表示发生了并发冲突。longAccumulate 主要代码逻辑如下所示。

```
final voidlongAccumulate(long x, LongBinaryOperator fn, boolean wasUncontended) {
    int h;                          //线程 hash 值
    //获取线程的非 0 的 hash 值
    if ((h =getProbe()) == 0) {      //如果线程的 hash 值为 0,重新获取 hash 值.
        ThreadLocalRandom.current(); //强制初始化
        h =getProbe();               //重新获取 hash 值
        wasUncontended = true;
    }

    boolean collide = false;         //如果最后一个槽也是非 null 的,为 true.
    for (;;) {                       //自旋循环,CAS 累加值直至成功.
```

```
    Cell[] as; Cell a; int n; long v;
    if ((as = cells) != null && (n = as.length) > 0) {//<Case 1>: cells 已经初始
化完毕

        .......
    }
    else if (cellsBusy == 0 && cells == as && casCellsBusy()) {//<Case 2>:
cell 还未初始化且加锁成功.

        ......
    }
    else if (casBase(v = base, ((fn == null) ? v + x :
                            fn.applyAsLong(v, x))))//<Case 3>: 正在初始化 cells
            break;
    }
}
```

longAccumulate 会首先获取当前线程的 hash 值，并存储到临时变量 h 中。

然后进入自旋循环累加 x 值直至成功，自旋循环内部处理了三种情况，这三种情况代表了 cells 数组的三个阶段。

1）如果 cells 数组未初始化，线程会进入代码<Case 2>。

2）如果 cells 数组正在被初始化，线程会进入代码<Case 3>。

3）如果 cells 数组已经初始化，线程会进入代码<Case 1>。

下面详细分析三个阶段的实现。

（1）第一个阶段：cells 未初始化

线程会进入代码分支<Case 2>，初始化 cells 数组并累加 x 值。

```
else if (cellsBusy == 0 && cells == as && casCellsBusy()) {//<Case 2>:cell 还未初
始化且加锁成功.
    boolean init = false;        //cells 初始化标识,true 代表初始化成功.
    try {                        //初始化数组 cells
        if (cells == as) {       //再次校验,如果 cells == as,说明 cells 还未初始化.
            Cell[] rs = new Cell[2];//初始化容量为 2
            rs[h & 1] = new Cell(x);//使用 h&1 计算索引位置.初始化索引位置并赋初值(x 要
累加的值)
            cells = rs;
            init = true;         //初始化成功
        }
    } finally {
        cellsBusy = 0;           //释放锁
    }
    //如果初始化成功,说明值已经更新到 cells 数组中,直接退出方法
    if (init)
        break;
}
```

cells 初始化操作只需要进行一次，为了保证只能有一个线程执行初始化操作，所以必须先执行加锁操作。

首先执行 casCellsBusy 方法尝试加锁，CAS 将 cellsBusy 变量从 0 更新为 1。

如果加锁成功，初始化数组 cells 并将值 x 更新到对应槽中。cells 的初始化容量为 2，并且 cells 扩容时的大小需一直保持为 2 的 n 次幂值。

初始化完成后，最后释放锁。

如果初始化成功 init = true，直接退出。init = false 则表明初始化失败，发生这种情况说明有其他线程已抢先完成了初始化操作，需重新自旋重试将 x 累加到 cells 数据。

（2）第二个阶段：cells 正在初始化中

如果其他线程抢先执行了 casCellsBusy 加锁操作，正在初始化 cells 数组。这时当前线程会进入代码分支<Case 3>，直接执行 CAS 操作尝试将值累加到 base 变量上。这里 fn 是 add 方法传入 longAccumulate 方法的第二个参数值，从前面可知 fn 肯定为 null。

```
else if (casBase(v = base, ((fn == null) ? v + x : fn.applyAsLong(v, x))))
    //cas 尝试将值 x 累加到 base 上.如果 CAS 更新成功,直接退出,否则转到自旋重试
    break;
```

（3）第三个阶段：cells 已经初始化完毕

如果 cells 数组已经初始化完成，线程会进入代码分支<Case 1>，主要代码如下所示。

```
Cell[] as; Cell a; int n; long v;
if ((as = cells) != null && (n = as.length) > 0) {//<Case 1>:cells 已经初始化完毕
    if ((a = as[(n - 1) & h]) == null) {   //<Case 1-1>:如果索引位置还未初始化
        ......
    }
    else if (!wasUncontended)              //<Case 1-2> CAS 更新失败
        wasUncontended = true;            //重新计算线程 hash 值后重试
    else if (a.cas(v = a.value, ((fn == null) ? v + x :
                fn.applyAsLong(v, x))))//<Case 1-3> CAS 更新槽.CAS 失败,向下继续
        break;                            //CAS 成功,退出
    else if (n >= NCPU || cells != as)// //<Case 1-4>扩容判断
        collide = false;//cells 已达到最大容量或者 as 指针过期说明其他线程抢先完成
扩容
    else if (!collide)     //<Case 1-5>线程执行到这里,说明当前线程具备扩容条件
        collide = true;//下次自旋开始扩容<Case 1-6>  在正式扩容前,会再次尝试一次 CAS
更新
    else if (cellsBusy == 0 && casCellsBusy()) {//<Case 1-6> 开始扩容
        ......
    }

    h = advanceProbe(h);                   //重新计算 hash 值
}
```

可以看到在代码中，第三阶段包含 6 种情况，下面详细分析这 6 种情况的代码逻辑。

1）首先线程会判断对应索引位置是否已初始化，如果要开始初始化，需要先初始化对应槽。

```
if ((a = as[(n - 1) & h]) == null) {//<Case 1-1>:计算 hash 槽:(n - 1) & h如果槽还未初始化
    if (cellsBusy == 0) {              //锁空闲
        Cell r = new Cell(x);          //新建 Cell 实例并赋初值 x,用于后面初始化槽
        if (cellsBusy == 0 && casCellsBusy()) {//先加锁,加锁成功将值 x 累加到对应
槽中
            boolean created = false;        //是否成功初始化槽标识
            try {                           //加锁成功后,需再次检查之前判断
                Cell[] rs; int m, j;
                if ((rs = cells) != null &&    //cells 已经初始化
                    (m = rs.length) > 0 &&     //cells 已经初始化
                    rs[j = (m - 1) & h] == null //槽未初始化
                ) {
                    rs[j] = r;                  //初始化槽
                    created = true;             //初始化槽成功
                }
            } finally {
                cellsBusy = 0;                  //释放锁,单线程,不需要使用 CAS 更新
            }
            //累加成功,直接退出
            if (created)
                break;

            //初始化槽,需要自旋重试
            continue;
        }
    }
    collide = false;                    //cellsBusy 锁正在被其他线程使用
}
```

这时线程会进入代码<Case 1-1>，主要步骤如下：
① 需要先加锁，CAS 设置 cellsBusy =1，保证同时只有一个线程初始化槽。
② 如果加锁成功，将值 x 累加到对应槽中。
需要再次检查对应槽是否还未初始化。如果还未初始化，初始化槽成功后释放锁并退出方法。
如果对应槽初始化失败，说明其他线程抢先完成了初始化，当前线程重新自旋重试。
2）如果加锁失败，当前线程重新自旋重试。
如果对应 cells 索引位置已初始化，线程会首先执行代码<Case 1-2>。判断当前线程进入 longAccumulate 方法前，如果执行 CAS 更新槽失败过，需重新生成 hash 值，并自旋重试。
wasUncontended 为 true 表示线程的 hash 值已经重新计算或者线程的 hash 值还未用于 CAS 更新对应槽。wasUncontended 为 false 表示线程的 hash 值已经用于过 CAS 更新槽且更新

失败，需要通过 advanceProbe（h）方法重新生成线程 hash 值。否则，wasUncontended 为 true，说明线程的 hash 值已是一个新的 hash 值。线程继续向下运行，进入代码<Case 1-3>。

3）线程进入代码<Case 1-3>，对应 cells 索引位置已初始化，CAS 尝试将值累加到对应槽中。

如果 CAS 累加成功，直接退出。否则，线程继续向下运行代码<Case 1-4>进行扩容判断。

4）第 3 步 CAS 更新槽失败后，会进入代码<Case 1-4>进行扩容判断。

如果 cells 数组的大小已经到了最大值（大于等于 CPU 核心数量）不能扩容。或者如果其他线程抢先执行了扩容操作，进入代码<Case 1-4>。将 collide 设置为 false，重新计算线程的 hash 值，自旋重试。否则，说明当前线程可以执行扩容操作，线程继续向下执行<Case 1-5>。

5）线程运行到<Case 1-5>，运行到这里，说明当前线程具备扩容条件，下次自旋开始尝试扩容。collide 设置为 true，并重新计算 hash 值，在执行真正扩容操作前，会再尝试一次 CAS 更新，CAS 更新失败，才会真正进入<Case 1-6>执行扩容迁移。

6）线程运行到分支<Case 1-6>，开始执行扩容迁移操作。

```
else if (cellsBusy == 0 && casCellsBusy()) {//<Case 1-6> 加锁成功后,执行扩容操作
    try {
        if (cells == as) {//再次校验,如果不相等说明有其他线程前线完成了扩容操作
            Cell[] rs = new Cell[n << 1];    //扩容 2 倍
            //原数组内元素迁移到新数组中相同位置
            for (int i = 0; i < n; ++i)
                rs[i] = as[i];
            cells = rs;
        }
    } finally {
        cellsBusy = 0;                       //解锁
    }
    collide = false;
    continue;                                //扩容后,自旋重试
}
```

扩容迁移步骤如下：

① 首先先加锁 CAS，设置 cellsBusy =1，保证同时只有一个线程执行扩容操作。

② 加锁成功后，将 cells 数组扩容 2 倍，并将原来的 cells 数组中元素以相同的索引位置迁移到新的数组中。

③ 扩容完毕后，设置 cellsBusy =0，释放锁。

④ 最后执行 continue，自旋重试更新。

在 longAccumulate 方法中，cellsBusy 变量作为 CAS 锁，加锁操作 casCellsBusy( )将 cellsBusy 设置为 1，代表加锁成功；解锁操作比较简单直接设置 cellsBusy 为 0 即可。通过上面代码的解析，可以看到 cellsBusy 一共有三种用途：Cells 数组初始化、cells 数组扩容迁移和 cells 数组中某个槽初始化。这三个操作共用同一把锁，保证同时只能有一个线程修改 cells

数据的结构。

2. sum 方法：获取当前值

sum 方法，用于获取当前值，也就是累加后的最终值，计算公式如下所示。

$$value = base + \sum_{i=0}^{n} Cell[i]$$

sum 方法逻辑很简单，代码如下所示。

```
public long sum() {
    Cell[] as = cells; Cell a;
    long sum = base;
    if (as != null) {
//遍历并累加 cells 中所有数量.
        for (int i = 0; i < as.length; ++i) {
            if ((a = as[i]) != null)
                sum += a.value;
        }
    }
    return sum;
}
```

可以看到 sum 方法中未使用任何锁，在调用这个方法时可能还有其他线程正在执行 add 方法进行累加操作，所以在高并发场景中，这个方法只能得到一个近似值，如果想得到绝对准确的值，还是需要加全局锁。

LongAdder 是通过映射到 cells 不同的索引位置，使得多个线程可以同时进行 CAS 更新操作，实现多线程并发写操作。利用了空间换时间的思想，使用 cells 数组分散多线程同时更新同一个变量的竞争压力，降低了并发冲突。但是访问 sum 方法不能保证能够获取实时准确的值，这也就是 LongAdder 并不能完全替代 LongAtomic 的原因之一。

3.3　本章小结

本章介绍了 JUC 包中的原子操作类，这些类底层通过 Unsafe 类的 CAS 操作实现原子更新操作，这比使用同步锁可以获得更高的并发性能。首先介绍了 AtomicLong 类的实现，AtomicLong 实现比较简单，然后讲解了 JDK 1.8 高性能原子类 LongAdder 的实现原理。

第4章

Java 并发包锁

Java 提供了种类丰富的锁，synchronized 为 Java 的关键字，是 Java 最早提供的同步机制。当它用来修饰一个方法或一个代码块时，能够保证在同一时刻最多只能有一个线程执行该代码。当使用 synchronized 修饰代码时，并不需要显式的执行加锁和解锁过程，所以它也被称之为隐式锁。

除了 Java 提供的 synchronized 关键字，从 Java 5.0 起，JUC 包中引入了显式锁作为 synchronized 的补充，提供了比 synchronized 同步锁更广泛的锁定操作，每种锁因其特性的不同，在适当的场景下能够展现出非常高的效率。

JUC 中的锁全部位于 Java.util.concurrent.locks 下，是并发包中最核心组件之一，是保证线程安全的重要组件。如果大家查看 JUC 工具类的源码，就会发现 JUC 中绝大部分组件都用到了它们。

JUC 中的锁分为两类：重入锁和读写锁。

重入锁：ReentrantLock 类，它是一种可重入的独占锁，具有与使用 synchronized 相同的一些基本行为和语义，但是它拥有了更广泛的 API，它的功能更强大。ReentrantLock 相当于 synchronized 的增强版，具有 synchronized 很多所没有的功能。

读写锁：读写锁的实现有两个，分别为 ReentrantReadWriteLock 和 StampedLock。

ReentrantReadWriteLock 维护了一对关联锁：ReadLock 和 WriteLock，由词知意，一个读锁一个写锁，合称"读写锁"。一个是 ReadLock（读锁）用于读操作的，一个是 WriteLock（写锁）用于写操作。读写锁适合于读多写少的场景，基本原则是读锁可以被多个线程同时持有进行访问，而写锁只能被一个线程持有。ReentrantReadWriteLock 可以使得多个读线程同时持有读锁，而写锁是写线程独占的。读写锁如果使用不当，很容易产生"饥饿"问题：比如在读线程非常多，写线程很少的情况下，很容易导致写线程"饥饿"。虽然使用公平策略可以一定程度上缓解这个问题，但是公平策略是以牺牲系统吞吐量为代价的。

StampedLock，是在 JDK 1.8 引入的锁类型，是对读写锁 ReentrantReadWriteLock 的增强版。StampedLock 采用一种乐观的读策略，使得读锁完全不会阻塞写线程。

4.1 为什么引入 JUC 锁

大家思考一个问题，Java 已经提供了 synchronized 同步锁可以对临界资源同步互斥访问，为什么还要使用 JUC 锁呢？

主要是因为 synchronized 同步锁存在以下两种问题：

1) synchronized 不能控制阻塞，不能灵活控制锁的释放。

synchronized 同步锁提供了一种排他式的同步机制，当多个线程竞争锁资源时，同时只能有一个线程持有锁，当一个线程获取了锁，其他线程就会被阻塞，只有等占有锁的线程释放锁后，才能重新进行竞争锁。

当使用 synchronized 同步锁，线程会在三种情况下释放锁：

① 线程执行完同步代码块/方法，释放锁；

② 线程执行时发生异常，此时 JVM 会让线程自动释放锁；

③ 在同步代码块/方法中，锁对象执行了 wait 方法，线程释放锁。

　　使用 synchronized 同步锁，假如占有锁的线程被长时间阻塞（IO 阻塞、sleep 方法、join 方法等），由于线程在阻塞时不会释放锁，一旦其他线程此时尝试获取锁，就会被阻塞而一直等待下去，甚至可能会发生死锁，这样就会造成大量线程的堆积，严重降低服务器的性能。

　　所以 synchronized 同步锁的线程阻塞，存在两个致命的缺陷：无法控制阻塞时长，阻塞不可中断。

　　JUC 锁可以解决这种情况。使用 ReentrantLock 重入锁时，线程可以使用 tryLock（long time、TimeUnit unit）方法获取锁，限定一个获取锁的超时时间，如果在规定的时间内获取锁失败，线程就会放弃锁的获取。也可以使用 lockInterruptibly（）方法获取锁，如果线程长时间没有获取锁，在等待时如果其他线程调用该线程的 interrupt 方法中断线程，该线程就可以通过响应中断放弃获取锁。

　　2）在读多写少的场景中，效率低下。

　　在读多写少的场景中，当多个读线程同时操作共享资源时，读操作不会对共享资源进行修改，所以读线程和读线程是不需要同步的。如果这时采用 synchronized 关键字，就会导致一个问题，当多个线程都只进行读操作时，所有线程都只能同步进行，只能有一个读线程可以进行操作，其他读线程只能被阻塞而无法进行读操作。

　　因此，在读多写少的场景中，我们需要实现一种机制，当多个线程都只是进行读操作时，使得线程可以同时进行读操作。ReentrantReadWriteLock 锁可以解决这种情况。

　　所以通过 JUC 锁可以很容易解决以上问题，但 synchronized 同步锁却对此无能为力。

4.2　独占锁 ReentrantLock 原理

4.2.1　ReentrantLock 简介

　　ReentrantLock 类结构如图 4-1 所示。

　　从图 4-1 中可以看到 ReentrantLock 实现了 Lock 接口，在 ReentrantLock 中有非公平锁 NonfairSync 和公平锁 FairSync 的实现，NonfairSync 和 FairSync 都继承自抽象类 Sync。Sync 类是 ReentrantLock 的内部抽象类，继承自抽象类 AbstractQueuedSynchronizer（简称 AQS）。如果大家看过 JUC 的源代码，会发现不仅重入锁用到了 AQS，JUC 中绝大部分的同步工具也都是基于 AQS 构建的。

　　ReentrantLock 类是唯一实现了 Lock 接口的类。Lock 接口定义了一套锁实现的标准规范，定义了获得锁和释放锁一系列方法，所以 Lock 锁可以提供比 synchronized 更广泛的锁操作，可以更灵活地控制锁的粒度。Lock 接口的代码如下所示。

```
public interface Lock {
    // (阻塞的)获取锁 若锁被其他线程获得,线程就会一直等待 (阻塞)直至成功获取锁
    void lock();
```

```
    //获取锁,可响应中断.若锁被其他线程获得,当前线程未获得锁,在等待锁的过程中,可以其他线
程被中断(可以响应中断)
    void lockInterruptibly() throws InterruptedException;

    // (非阻塞的)尝试获取锁
    //如果锁是空闲状态,获取成功.如果锁已被其他线程获得,放弃锁的获取
    boolean tryLock();

    //尝试获取锁,限定获取的等待时间,可响应中断
    //如果锁是空闲状态,获取成功
    //如果在规定的等待时间内获取锁失败,线程就会放弃锁的获取,并且可以响应中断
    boolean tryLock(long time, TimeUnit unit) throws InterruptedException;
    //释放锁
    void unlock();

    Condition newCondition();
}
```

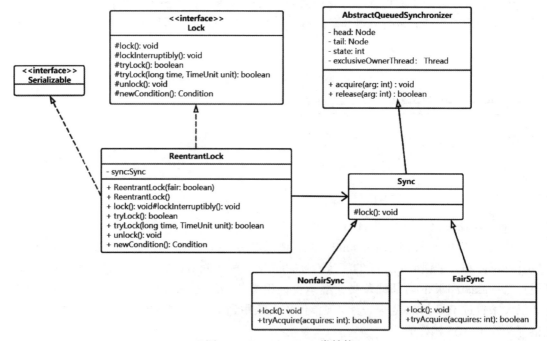

● 图 4-1　ReentrantLock 类结构

　　ReentrantLock 中提供了两个构造器：其中一个构造器可以指定锁的类型公平锁/非公平锁，默认构造器默认使用非公平锁。

```
//使用非公平策略
public ReentrantLock() {
    sync = new NonfairSync();
```

```
}

//可以指定公平策略/非公平策略
public ReentrantLock(boolean fair) {
    sync = fair ? new FairSync() : new NonfairSync();
}
```

公平锁：多个线程按照申请锁的顺序，按照先来后到的原则获得锁。

非公平锁：多个线程获取锁的顺序并不是按照申请锁的顺序，允许"插队"，有可能出现后申请的线程比先申请的线程优先获取锁的情况。

需要注意的是，一般情况下使用公平锁的程序在多线程访问时，在线程调度上面的开销比较大，所以总体吞吐量会比较低。

ReentrantLock 和 synchronized 一样都是独占排他锁，所有的线程都是同步互斥的访问同步块代码。同时只能有一个线程获得锁，其他线程只能等待锁被释放后才能有机会获得锁的使用权。ReentrantLock 锁的使用比较简单，代码如下所示。

```
Lock lock = newReentrantLock();       //创建 Lock 实例
lock.lock();                          //获取锁
try {
    //业务代码
} finally {
    //释放锁,在 finally 语句块确保锁最终会释放
    lock.unlock();
}
```

下面，使用一个示例来感受下 ReentrantLock 的同步效果，代码如下所示。在案例中，定义了一个独占锁 ReentrantLock 实例 lock。Thread1 和 Thread2 使用相同的 lock，由于 lock 同时只能被一个线程所持有，所以如果线程 Thread1 获得了 lock 锁后，Thread2 只能阻塞等待线程 Thread1 释放锁后，才能获得锁 lock。

```
public classReentrantLockDemo {
    private int count = 0;
    public intgetCount() {return count; }
    public void increase(){count++; }

    public static void main(String[] args) {
        ReentrantLockDemo reentrantLockDemo =new ReentrantLockDemo();
        Lock lock=newReentrantLock();  //重入锁实例
        //Thread1,Thread2 拥有相同的重入锁,同时只能有一个线程持有锁
        new Thread(()->{
            StringthreadName=Thread.currentThread().getName();
            System.out.println(threadName + "尝试获得锁.");
            lock.lock();
```

```
                System.out.println(threadName + "成功获锁.");
                try {
                    for (int i = 0; i < 5; i++) {
                        reentrantLockDemo.increase();
                        Thread.sleep(10);
                            System.out.print (threadName + ":" + reentrantLock-
Demo.getCount()+",");
                    }
                } catch (InterruptedException e) {
                    e.printStackTrace();
                } finally {
                    lock.unlock();
                }
                System.out.println("\n"+threadName + "同步语句块,运行结束.");
            },"Thread1").start();
            new Thread(()->{
                StringthreadName=Thread.currentThread().getName();
                System.out.println(threadName + "尝试获得锁.");
                lock.lock();
                System.out.println(threadName + "成功获锁.");
                try {
                    for (int i = 0; i < 5; i++) {
                        reentrantLockDemo.increase();
                            System.out.print (threadName + ":" + reentrantLock-
Demo.getCount()+",");
                    }
                }finally {
                    lock.unlock();
                }
                System.out.println("\n"+threadName + "同步语句块,运行结束.");
            },"Thread2").start();
        }
}
```

运行代码结果如图 4-2 所示。

Run: ReentrantLockDemo ×

"C:\Program Files\Java\jdk1.8.0_111\bin\java.exe" ...
Thread1尝试获得锁.
Thread1成功获锁.
Thread2尝试获得锁.
Thread1:1,Thread1:2,Thread1:3,Thread1:4,Thread1:5,
Thread1同步语句块,运行结束.
Thread2成功获锁.
Thread2:6,Thread2:7,Thread2:8,Thread2:9,Thread2:10,
Thread2同步语句块,运行结束.

●图 4-2　ReentrantLockDemo 运行结果

可以看到，Thread1 先于 Thread2 执行 lock. lock ( )，会先获得锁，随后 Thread2 尝试获得锁会被阻塞，Thread1 运行完毕需要执行 lock. unlock ( ) 释放锁，这时 Thread2 才能通过 lock. lock ( ) 获得锁运行同步代码块。

4.2.2 AQS 同步队列

重入锁 ReentrantLock 的实现底层是使用 AbstractQueuedSynchronizer 实现的。Abstract-QueuedSynchronizer 是一个抽象同步类，简称 AQS。它是实现 JUC 中绝大部分同步工具的核心组件，都是基于 AQS 构建的。那 AQS 是什么作用呢？

AQS 提供了一套通用的机制来管理同步状态、阻塞/唤醒线程、管理等待队列等。除了 JUC 中的锁，JUC 中的其他同步工具如 CountDownLatch、CyclicBarrier 等，也都是通过内部类实现了 AQS 的 API，来实现各自的同步器功能。如果掌握了 AQS，那 JUC 中绝大多数的工具类也就可以轻松掌握。AQS 类结构如图 4-3 所示。

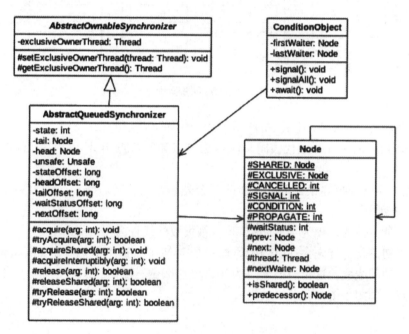

●图 4-3　AQS 类结构

由图 4-3 可以看到，AQS 是一个 FIFO 的双向队列，其内部通过节点 head 和 tail 记录队首和队尾元素，队列元素的类型为 Node。其中 Node 中的 thread 变量用来存放进入 AQS 队列里面的线程；Node 节点内部的 prev 记录当前节点的前驱节点，next 记录当前节点的后继节点；SHARED 用来标记该线程是获取共享资源时被阻塞挂起后放入 AQS 队列的，EXCLU-SIVE 用来标记线程是获取独占资源时被挂起后放入 AQS 队列的；waitStatus 记录当前线程等待状态，可以为 CANCELLED（取消线程）、SIGNAL（线程需要被唤醒）、CONDITION（线程在条件队列里面等待）、PROPAGATE（释放共享资源时需要通知其他节点）。

AQS 中维持了一个单一的状态信息 state，对于 ReentrantLock 的实现来说，state 可以用来表示当前线程获取锁的可重入次数；AQS 继承自 AbstractOwnableSynchronizer，其中的 exclusiveOwnerThread 变量表示当前共享资源的持有线程。

1. AQS 实现原理

AQS 维护同步队列，内部使用一个 FIFO 的双向链表，管理线程同步时的所有被阻塞线程。双向链表这种数据结构，它的每个数据节点中都有两个指针，分别指向直接后继节点和直接前驱节点。所以，从双向链表中的任意一个节点开始，都可以很方便地访问它的前驱节点和后继节点。

AQS 的同步队列内部结构如图 4-4 所示，AQS 中的内部静态类 Node 为链表节点，AQS 会在线程获取锁失败后，线程会被阻塞并被封装成 Node 加入到 AQS 队列中；当获取锁的线程释放锁后，会从 AQS 队列中唤醒一个线程（节点）。

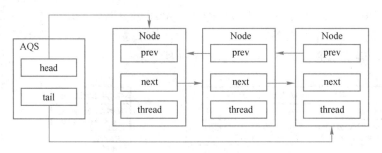

●图 4-4　AQS 同步队列结构

线程抢夺锁失败时加入 AQS，AQS 队列的变化如下：

1）AQS 的 head、tail 分别代表同步队列头节点和尾节点指针，默认为 null，如图 4-5 所示。

2）当第一个线程抢夺锁失败，同步队列会先初始化，随后线程会被封装成 Node 节点追加到 AQS 队列中。

假设当前独占锁的线程为 ThreadA，抢占锁失败的线程为 ThreadB。

同步队列初始化，首先会在队列中添加一个空 Node，这个节点中的 thread = null，代表当前获取锁成功的线程，这个后面会讲为什么要这么做。随后，AQS 的 head 和 tail 会同时指向这个节点，如图 4-6 所示。

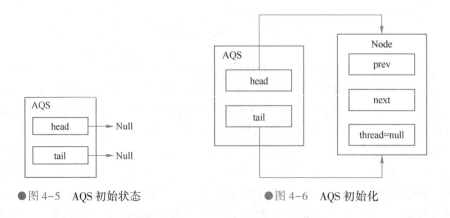

●图 4-5　AQS 初始状态　　　　　　　●图 4-6　AQS 初始化

3）接下来将 ThreadB 封装成 Node 节点，追加到 AQS 队列。

设置新节点的 prev 指向 AQS 队尾节点；将队尾节点的 next 指向新节点；最后将 AQS 尾节点指针指向新节点。此时 AQS 变化，如图4-7所示。

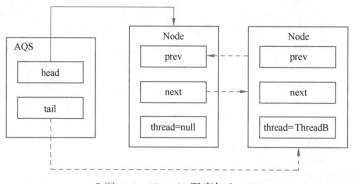

●图4-7　ThreadB 阻塞加入 AQS

4）当下一个线程抢夺锁失败时，重复上面步骤即可。将线程封装成 Node，追加到 AQS 队列。

假设此次抢占锁失败的线程为 ThreadC，此时 AQS 变化，如图4-8所示。

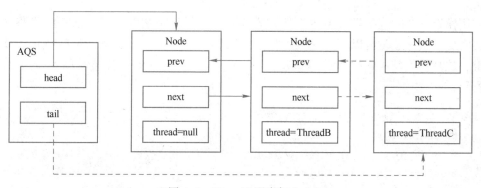

●图4-8　ThreadC 阻塞加入 AQS

2. 线程被唤醒时，AQS 队列的变化

ReentrantLock 唤醒阻塞线程时，会按照 FIFO 的原则从 AQS 中 head 头部开始唤醒首个节点中线程。

head 节点表示当前获取锁成功的线程 ThreadA 节点。

当 ThreadA 释放锁时，它会唤醒后继节点线程 ThreadB，ThreadB 开始尝试获得锁，如果 ThreadB 获得锁成功，会将自己设置为 AQS 的头节点。ThreadB 获取锁成功后，此时 AQS 变化，如图4-9所示。AQS 变化步骤如下：

1）head 指针指向 ThreadB 节点。

2）将原来头节点的 next 指向 Null，从 AQS 中删除。

3）将 ThreadB 节点的 prev 指向 Null，设置节点的 thread=null。

以上就是线程在竞争锁时，线程被阻塞和被唤醒时 AQS 同步队列的基本实现过程。

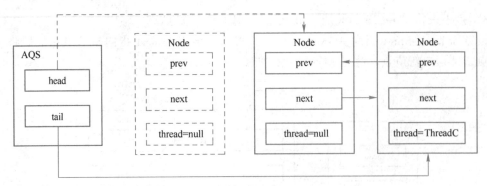

●图 4-9　ThreadB 获取锁 AQS 变化

4.2.3　锁的获取

下面深入 ReentrantLock 源码,以重入锁为切入点来分析 AQS 是如何实现线程同步的。

AQS 其实使用了一种典型的设计模式:模板方法。AQS 中大多数方法都是 final 或 private 的,也就是说 AQS 并不希望用户覆盖或直接使用这些方法,只能重写 AQS 规定的部分方法。

使用模板方法时,父类(AQS 框架)定义好一个操作算法的骨架,而一些步骤延迟到子类去实现。这样子类可以不改变一个算法的结构即可重定义该算法的某些特定步骤。通俗地讲,就是将子类相同的方法,都放到其抽象父类中。AQS 的主要属性及 Node 节点结构如下所示。

```
//AQS 内部维护一个双向链表,AQS 主要属性
public abstract class AbstractQueuedSynchronizer
    extends AbstractOwnableSynchronizer
    implements java.io.Serializable {
        private transient volatile Node head;        //头节点指针
        private transient volatile Node tail;        //尾节点指针
        private volatile int state;    //同步状态,0 无锁;大于 0,有锁,state 的值代表重
入次数

        //AQS 链表节点结构
        static final class Node {
            static final Node SHARED = new Node();      //共享模式
            static final Node EXCLUSIVE = null;         //独占模式
            //等待状态:取消.表明线程已取消争抢锁并从队列中删除
            static final int CANCELLED =  1;
            //等待状态:通知.表明线程为竞争锁的候选者
            static final int SIGNAL     = -1;
            //等待状态:条件等待.表明线程当前在 condition 队列中
```

```
        static final int CONDITION = -2;
        //等待状态:传播
        static final int PROPAGATE = -3;
        volatile intwaitStatus;
        volatile Node prev;                      //直接前驱节点指针
        volatile Node next;                      //直接后继节点指针
        volatile Thread thread;                  //线程
        NodenextWaiter;                          //condition 队列中的后继节点
        final booleanisShared() {                //是否是共享
            returnnextWaiter == SHARED;
        }
        final Node predecessor() throws NullPointerException {
            Node p = prev;
            if (p == null)
                throw new NullPointerException();
            else
                return p;
        }
        Node() {                                 //默认构造器
        }
        //在重入锁使用 addWaiter 方法,用于将阻塞的线程封装成一个 Node
        Node(Thread thread, Node mode) {
            this.nextWaiter = mode;
            this.thread = thread;
        }
        Node(Thread thread, intwaitStatus) {  //用于 Condition 中
            this.waitStatus = waitStatus;
            this.thread = thread;
        }
    }
}
```

下面, 以锁中相对简单的公平锁实现为例, 以获取锁的 lock 方法为入口, 分析多线程是如何同步获取 ReentrantLock 锁的。获取锁时源码的调用过程、时序图如图 4-10 所示。

1. ReentrantLock. lock

ReentrantLock 获取锁调用了 lock 方法, 该方法的内部调用了 sync. lock()。

```
public void lock() {
    sync.lock();
}
```

sync 是 Sync 类的一个实例, Sync 类是 ReentrantLock 的抽象静态内部类, 它集成了 AQS 来实现重入锁的具体业务逻辑。AQS 是一个同步队列, 实现了线程的阻塞和唤醒, 没有实现具体的业务功能。在不同的同步场景中, 需要用户继承 AQS 来实现对应的功能。

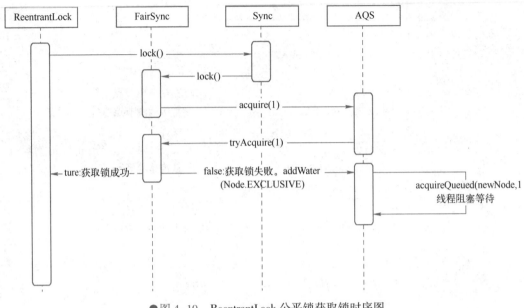

●图 4-10　ReentrantLock 公平锁获取锁时序图

查看 ReentrantLock 源码，可以看到，Sync 有两个实现类公平锁 FairSync 和非公平锁 NoFairSync。

重入锁实例化时，可以根据参数 fair 为属性 sync 创建对应锁的实例。以公平锁为例，调用 sync. lock 事实上调用的是 FairSync 的 lock 方法。

```
publicReentrantLock(boolean fair) {
    sync = fair ? new FairSync() : new NonfairSync();
}
```

FairSync. lock：该方法的内部执行了方法 acquire（1），acquire 为 AQS 中的 final 方法，用于竞争锁。

```
final void lock() {
    acquire(1);
}
```

2. AQS. acquire

线程进入 AQS 中的 acquire 方法，arg = 1。arg 参数作用：在重入锁中，计算重入次数时使用。获取锁成功后，锁状态标识 state = state + arg。

```
public final void acquire(int arg) {
        if (!tryAcquire(arg) &&
            acquireQueued(addWaiter(Node.EXCLUSIVE), arg))
            selfInterrupt();
}
```

这个方法的逻辑为：先尝试抢占锁，抢占成功，直接返回。抢占失败，将线程封装成 Node 节点，追加到 AQS 队列中并使线程阻塞等待。

1）首先会执行 tryAcquire(1)尝试抢占锁，成功返回 true，失败返回 false。

2）抢占锁失败后，执行 addWaiter(Node. EXCLUSIVE)将线程封装成 Node 节点追加到 AQS 队列。

3）然后调用 acquireQueued 将线程阻塞。

4）线程阻塞后，接下来就只需等待其他线程（其他线程释放锁时）唤醒它，线程被唤醒后会重新竞争锁的使用。

3. FairSync. tryAcquire

尝试获取锁。若获取锁成功，返回 true；获取锁失败，返回 false。

这个方法逻辑：获取当前的锁状态，如果为无锁状态，当前线程会执行 CAS 操作尝试获取锁；若当前线程是重入获取锁，只需增加锁的重入次数即可。

1）首先通过 getState( ) 会获取锁的状态 state 的值，如果 state = 0 表示当前锁为无锁状态。

通过 CAS 更新 state 的值为 1，若 CAS 成功说明当前线程获取锁成功，直接返回 true。若 CAS 失败，说明锁已经被其他线程占用，当前线程获取锁失败，返回 false。

2）如果 state>0，表示当前锁已被占用并且占用锁线程是否为当前线程。

增加锁重入次数，获取锁成功，直接返回 true。

3）否则说明锁被其他线程占有，抢占锁失败，线程需要等待锁被释放。

```
protected final booleantryAcquire(int acquires) {
    /** 当前线程
     *若锁是未锁定状态 state=0,CAS 修改 state=1
     *CAS 成功,说明当前线程获取锁成功,设置当前线程为锁持有者,然后返回 true,获取锁成功
     */
    final Thread current = Thread.currentThread();
    int c = getState();          //状态,0 未锁定,大于 0 已被其他线程独占
    if (c == 0) {                //未锁定,可以获取锁
        if (!hasQueuedPredecessors() &&
            compareAndSetState(0, acquires)) {     //CAS 设置 state 为 1
            setExclusiveOwnerThread(current);       //设置当前线程为独占资源持有者
            return true;
        }
    }
    else if (current == getExclusiveOwnerThread()) {   //如果当前线程已经是为锁持
有者,设置重入次数,state+1
        int nextc = c + acquires;      //设置重入次数+1
        //重入次数,超过 int 最大值,溢出
        if (nextc < 0)
            throw new Error("Maximum lock count exceeded");
        setState(nextc);               //设置重入次数
        return true;
```

```
    }
    return false;
}
```

CAS 更新 state 的值为 1 时，使用了 AQS 的 compareAndSetState 方法，这个方法比较并替换 state 的值，如果当前对象 state 的值和预期值 0 相等，则将 state 的值替换为 1，否则不替换。替换成功返回 true，替换失败返回 false。

这个方法是原子操作，其实底层使用了 Unsafe 这个类的 compareAndSwapInt 方法，所以不存在线程安全问题。Unsafe 类的 CAS 方法在附录 Unsafe 类中有说明，这里就不再赘述。

state 是 AQS 同步队列中的一个属性，表示一个重入锁的锁状态。

① state=0：表示无锁状态。

② state>0：表示锁已经被线程占有，同时 state 的值还代表重入次数。

ReentrantLock 是重入锁，允许同一个线程多次获得同一个锁。线程初次获得锁时 state=1，再次获得锁时 state 会递增加 1，state=state+1。比如重入 3 次，那么 state=3。而在释放锁的时候，必须释放相同的次数，state=0 时其他线程才能获得锁。

```
private static final longstateOffset;      //state 属性内存偏移量
static {
    try {
        //初始化 stateOffset,state 的内存偏移量
        stateOffset = unsafe.objectFieldOffset
            (AbstractQueuedSynchronizer.class.getDeclaredField("state"));
    } catch (Exception ex) { throw new Error(ex); }
}
//CAS 修改 state 的值,原子操作
protected final boolean compareAndSetState(int expect, int update) {
    return unsafe.compareAndSwapInt(this, stateOffset, expect, update);
}
```

4. AQS. addWaiter（Node. EXCLUSIVE）

线程抢占锁失败后，执行 addWaiter(Node. EXCLUSIVE)将线程封装成 Node 节点追加到 AQS 队列中。

1）将当前线程封装成 Node 节点。

2）若 AQS 同步队列的 tail 节点不为 null，将当前线程节点追加到链表中。

3）若同步队列为空，初始化链表并将当前线程追加到链表中。

addWaiter（Node mode）中的 mode 参数表示节点的类型，Node. EXCLUSIVE 表示是独占排他锁，也就是说重入锁是独占锁，用到了 AQS 的独占模式。

Node 定义了两种节点类型：

1）共享模式：Node. SHARED。共享模式，可以被多个线程同时持有，如读写锁的读锁。

2）独占模式：Node. EXCLUSIVE。独占很好理解，即自己独占资源，如独占排他锁同时只能由一个线程持有。

所以，相应的 AQS 支持两种模式：独占模式和共享模式。

```
private NodeaddWaiter(Node mode) {
    //以指定的模式为当前线程创建节点
    Node node = new Node(Thread.currentThread(), mode);
    //先尝试快速插入同步队列,如果失败,再使用完整的排队策略
    Node pred = tail;
    if (pred != null) {      //如果双向链表不为空链表(有节点),追加节点到尾部
        node.prev = pred;
        if (compareAndSetTail(pred, node)) {
            pred.next = node;
            return node;
        }
    }
    enq(node);               //链表为空,将节点追加到同步队列队尾
    return node;   .
}



//通过自旋插入节点到同步队列 AQS 中.如果队列为空时,需先初始化队列
private Node enq(final Node node) {
    for (;;) {                   //自旋,至少会有两次循环
        Node t = tail;
        if (t == null) {    //队列为空,先初始化队列
            if (compareAndSetHead(new Node()))    //CAS 操作
                tail = head;
        } else {                //插入节点,追加节点到尾部
            node.prev = t;
            if (compareAndSetTail(t, node)) {
                t.next = node;
                return t;
            }
        }
    }
}
```

5. AQS. acquireQueued(newNode,1)

这个方法的主要作用就是将线程阻塞。参数 node 为新加入等待队列线程节点。这个方法的主要逻辑如下：

1）若同步队列中，若当前节点为队列第一个线程，则有资格竞争锁，再次尝试获得锁。

2）尝试获得锁成功，移除链表 head 节点，并将当前线程节点设置为 head 节点。

3）尝试获得锁失败，判断是否需要阻塞当前线程。

4）若发生异常，取消当前线程获得锁的资格。

```
final booleanacquireQueued(final Node node, int arg) {
    boolean failed = true;                    //获取锁是否失败,一般会发生异常
    try {
        boolean interrupted = false;          //是否中断
        for (;;) {                            //自旋,线程获得锁或者线程被阻塞
            final Node p = node.predecessor(); //获取前驱节点
            /**
             *若当前节点的前驱节点为头节点 head,说明当前线程有资格竞争锁
             *阻塞前再次尝试获取锁,若获取锁成功,将当前线程从同步队列中删除
             */
            if (p == head && tryAcquire(arg)) { //获取锁成功
                /**
                 *将当前线程从同步队列中删除
                 *将当前节点置为空节点,节点的 prev、next 和 thread 都为 null
                 *将等待列表头节点指向当前节点
                 */
                setHead(node);
                p.next = null; //help GC
                failed = false;
                return interrupted;
            }
            //将当前线程阻塞
            if (shouldParkAfterFailedAcquire(p, node) &&
            parkAndCheckInterrupt())
                interrupted = true;           //当前线程被中断
        }
    } finally {
        //如果出现异常,取消线程获取锁请求
        if (failed)
            cancelAcquire(node);
    }
}

private void setHead(Node node) {
    head = node;
    node.thread = null;
    node.prev = null;
}
```

6. AQS. shouldParkAfterFailedAcquire

这个方法的主要作用是：线程竞争锁失败以后，通过 Node 的前驱节点的 waitStatus 状态来判断，线程是否需要被阻塞。

1）如果前驱节点状态为 SIGNAL，当前线程可以被放心的阻塞，返回 true。

2）若前驱节点状态为 CANCELLED，向前扫描链表把 CANCELLED 状态的节点从同步队列中移除，返回 false。

最终结果，当前节点的前驱节点为非取消状态。之后，当前线程执行轨迹如下：

① 再次返回方法 acquireQueued，再次循环，尝试获取锁。

② 再次执行 shouldParkAfterFailedAcquire 判断是否需要阻塞。

3）若前驱节点状态为默认状态或 PROPAGATE，修改前驱节点的状态为 SIGNAL，返回 false。之后，当前线程执行轨迹如下：

① 再次返回方法 acquireQueued，再次循环，尝试获取锁。

② 再次执行 shouldParkAfterFailedAcquire 判断是否需要阻塞。

③ 当前节点前驱节点为 SIGNAL 状态，可以放心被阻塞。

根据 shouldParkAfterFailedAcquire 返回值的不同，线程会继续执行不同的操作。

1）若返回 false，会退回到 acquireQueued 方法，重新执行自旋操作。

自旋会重复执行 acquireQueued 和 shouldParkAfterFailedAcquire，有两个结果：

① 线程尝试获得锁成功或者线程异常，退出 acquireQueued，直接返回。

② 若执行 shouldParkAfterFailedAcquire 成功，当前线程可以被阻塞。

2）若返回 true，调用 parkAndCheckInterrupt 阻塞当前线程。

在 AQS 定义了 Node 的 5 种状态，分别是：

① 0：默认状态。

② 1：CANCELLED，取消/结束状态。表明线程已取消争抢锁。

线程等待超时或者被中断，节点的 waitStatus 为 CANCELLED，线程取消获取锁请求。需要从同步队列中删除该节点。

③ -1：SIGNAL，通知。

状态为 SIGNAL 节点中的线程释放锁时，就会通知后续节点的线程。

④ -2：CONDITION，条件等待。表明节点当前线程在 condition 队列中。

⑤ -3：PROPAGATE，传播。

在一个节点成为头节点之前，是不会跃迁为 PROPAGATE 状态的。用于将唤醒后继线程传递下去，这个状态的引入是为了完善和增强共享锁的唤醒机制。

```
private static boolean shouldParkAfterFailedAcquire(Nodepred, Node node) {
    int ws = pred.waitStatus;     //上一个节点的 waitStatus 的状态
    if (ws == Node.SIGNAL)
        //前驱节点为 SIGNAL 状态,在释放锁的时候会唤醒后继节点,可以放心阻塞自己
        return true;
    if (ws > 0) {
    //向前扫描链表把 CANCELLED(1) 状态的节点从同步队列中移除
        do {
            node.prev = pred = pred.prev;
        } while (pred.waitStatus > 0);
        pred.next = node;
```

```
        } else {
            //前驱节点状态<=0,CAS 设置前驱节点的等待状态 waitStatus 为 SIGNAL 状态,当
前线程先暂时不阻塞
            compareAndSetWaitStatus(pred, ws, Node.SIGNAL);
        }
        return false;
    }
```

7. AQS. parkAndCheckInterrupt：将当前线程阻塞挂起

LockSupport. park(this)会阻塞当前线程,会使当前线程(如 ThreadB)处于等待状态,不再往下执行。

1)当其他线程调用了 LockSupport. unpark(ThreadB),当前线程才能接着往下执行。

2)若在等待过程中,若其他线程调用了 ThreadB. interrupt(),则此时 ThreadB 的中断标识为 true。当前线程需要响应中断请求,将中断标识复位为 false(初始状态),并且将中断标识返回。

3)acquireQueued 线程获取锁成功后,会同时将中断标识返回。

4)若中断标识为 false,回到 acquire 方法,会直接返回。

5)若中断标识为 true,回到 acquire 方法,会执行 AQS. selfInterrupt(),将线程中断状态复位。后面当前线程获得锁成功,在处理业务代码时可以检查中断标志的状态来判断是否需要终止当前线程。

```
//将当前线程阻塞,并且在被唤醒时检查是否被中断,如果被中断,返回 true
private final boolean parkAndCheckInterrupt() {
        //阻塞当前线程
        LockSupport.park(this);
        //检测当前线程是否已被中断(若被中断,并清除中断标志),中断返回 true,否则返回 false
        return Thread.interrupted();
    }
public final void acquire(int arg) {
        if (!tryAcquire(arg) &&
            acquireQueued(addWaiter(Node.EXCLUSIVE), arg))
            selfInterrupt();
    }
//中断当前线程
    static void selfInterrupt() {
        Thread.currentThread().interrupt();
    }
```

4.2.4 锁的释放

AQS 公平锁的释放时序如图 4-11 所示。

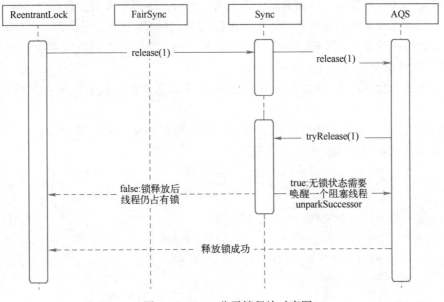

●图 4-11 AQS 公平锁释放时序图

●图 4-11 AQS 公平锁释放时序图

1. ReentrantLock. unlock

释放锁时, 需调用 ReentrantLock 的 unlock 方法。

这个方法内部, 会调用 sync. release(1), release 方法为 AQS 类的 final 方法。

```
public void unlock() {
    sync.release(1);
}
```

2. AQS. release

在这个方法内存, 会首先执行方法 tryRelease(1)。tryRelease 方法为 ReentrantLock 中 Sync 类的 final 方法, 用于释放锁。

释放锁成功后, 调用 unparkSuccessor(h) 会从同队队列中唤醒一个线程重新尝试获取锁。

```
public final boolean release(int arg) {
        if (tryRelease(arg)) {      //释放锁.若释放后锁状态为无锁状态,需唤醒后继线程
            Node h = head;          //同步队列头节点
            if (h != null && h.waitStatus != 0)//若head不为null,说明链表中有节点.
其状态不为0,唤醒后继线程
                unparkSuccessor(h);
            return true;
        }
        return false;//
}
```

3. Sync. tryRelease

尝试释放锁, 释放成功返回 true, 失败返回 false。

1）判断当前线程是否为锁持有者，若不是持有者，不能释放锁，直接抛出异常。

2）若当前线程是锁的持有者，将重入次数减1，并判断当前线程是否完全释放了锁。

3）若重入次数为0，则当前新线程完全释放了锁，将锁拥有线程设置为null，并将锁状态置为无锁状态（state=0），返回true。

4）若重入次数>0，则当前新线程仍然持有锁，设置重入次数=重入次数−1，返回false。

返回true说明，当前锁被完全释放，这时需要唤醒同步队列中的一个线程，执行unparkSuccessor唤醒同步队列中的节点线程。

```java
protected final booleantryRelease(int releases) {
    int c = getState() - releases;          //此次释放后,重入次数应该设置的值
    //如果当前线程不是锁的独占线程,抛出异常
    if (Thread.currentThread() != getExclusiveOwnerThread())
        throw new IllegalMonitorStateException();
    boolean free = false;
    if (c == 0) {
        //如果线程将锁完全释放,将锁初始化为无锁状态
        free = true;
        setExclusiveOwnerThread(null);
    }
    setState(c);                             //修改锁重入次数
    return free;
}
```

4. AQS. unparkSuccessor

这个方法的作用是唤醒后继线程。

```java
private voidunparkSuccessor(Node node) {
    //获取头节点 waitStatus 状态
    int ws = node.waitStatus;
    if (ws < 0)
        compareAndSetWaitStatus(node, ws, 0);

    //从 AQS 同步队列中,查找需要唤醒的线程节点
    Node s = node.next;
    if (s == null || s.waitStatus > 0) {
        s = null;
        for (Node t = tail; t != null && t != node; t = t.prev)
            if (t.waitStatus <= 0)
                s = t;
    }
    //将节点中的线程 unpark 唤醒
    if (s != null)
```

```
        LockSupport.unpark(s.thread);
    }
```

4.2.5 公平锁和非公平锁实现区别

公平锁的获取锁和释放锁的流程相信大家都已经理解了，公平锁和非公平锁在获取锁和释放锁时有什么区别？

1. 非公平锁与非公平锁的释放过程没有任何差异

释放锁时调用的方法都是 AQS 的方法，所以非公平锁与非公平锁的释放过程没有任何差异。

2. 非公平锁与非公平锁获取锁的差异

可以看到，在上面的公平锁实现中，线程获得锁的顺序是按照请求锁的顺序，按照"先来后到"的规则获取锁。如果线程竞争公平锁失败后，则都会到 AQS 同步队列队尾排队，将自己阻塞等待锁的使用资格，锁被释放后，会从队首开始查找可以获得锁的线程并唤醒。

而在非公平锁中，允许新线程请求锁时"插队"，不管 AQS 同步队列是否有线程在等待，新线程都会先尝试获取锁，如果获取锁失败后，才会进入 AQS 同步队列队尾排队。

对比下两种锁源码的实现，可以发现非公平锁与非公平锁获取锁的差异有以下两处：

(1) lock 方法差异

1）FairSync.lock：公平锁获取锁。

```
final void lock() {
    acquire(1);
}
```

2）NoFairSync.lock：非公平锁获取锁。在非公平锁的 lock 方法中，新线程会优先通过 CAS 操作 compareAndSetState（0，1），尝试获得锁。

```
final void lock() {
    if (compareAndSetState(0, 1))            //新线程,第一次插队
        setExclusiveOwnerThread(Thread.currentThread());
    else
        acquire(1);
}
```

lock 方法中的 acquire 为 AQS 的 final 方法，公平锁和非公平锁是没有差别的。差别之处在于公平锁和非公平锁对 tryAcquire 方法的实现。

```
public final void acquire(int arg) {
        if (!tryAcquire(arg) &&
            acquireQueued(addWaiter(Node.EXCLUSIVE), arg))
            selfInterrupt();
    }
```

（2） tryAcquire 差异

1） FairSync. tryAcquire：公平锁。公平锁获取锁，若锁为无锁状态时，本着公平原则，新线程在尝试获得锁前，需先判断 AQS 同步队列中是否有线程在等待，若有线程在等待，当前线程只能进入同步队列等待。若 AQS 同步无线程等待，则通过 CAS 抢占锁。

```java
protected final booleantryAcquire(int acquires) {
    final Thread current = Thread.currentThread();
    int c = getState();
    if (c == 0) {
        if (!hasQueuedPredecessors() &&    //公平锁,先判断同步队列中是否有线程在等待
                    compareAndSetState (0, acquires)) {
setExclusiveOwnerThread(current);
            return true;
        }
    }
    else if (current == getExclusiveOwnerThread()) {
        int nextc = c + acquires;
        if (nextc < 0)
            throw new Error("Maximum lock count exceeded");
        setState(nextc);
        return true;
    }
    return false;
}
```

2） NoFairSync. tryAcquire：非公平锁。非公平锁，不管 AQS 是否有线程在等待，若当前锁状态为无锁状态，则会先通过 CAS 抢占锁。

```java
protected final booleantryAcquire(int acquires) {
    return nonfairTryAcquire(acquires);
}
final boolean nonfairTryAcquire(int acquires) {
    final Thread current = Thread.currentThread();
    int c = getState();
    if (c == 0) {
        if (compareAndSetState(0, acquires)) {          //非公平锁,入队前,二次插队
            setExclusiveOwnerThread(current);
            return true;
        }
    }
    else if (current == getExclusiveOwnerThread()) {
        int nextc = c + acquires;
```

```
        if (nextc < 0)
            throw new Error("Maximum lock count exceeded");
        setState(nextc);
        return true;
    }
    return false;
}
```

公平锁和非公平锁获取锁时，其他方法都是调用 AQS 的 final 方法，没有什么不同之处。

至此介绍了锁是如何加锁的及如何释放的。

4.3 Condition 条件变量

配合 synchronized 同步锁在同步代码块中调用加锁对象 notify 和 wait 方法，可以实现线程间同步，在 JUC 锁里面也有相似的实现：Condition 类，利用条件变量 Condition 的 signal 和 await 方法用来配合 JUC 锁也可以实现多线程之间的同步。

和 synchronized 不同的是，一个 synchronized 锁只能用一个共享变量（锁对象）的 notify 或 wait 方法实现同步，而 AQS 的一个锁可以对应多个条件变量，对线程的等待、唤醒操作更加详细和灵活。

在调用加锁对象的 notify 和 wait 方法前必须先获取该共享变量的内置锁。同样，在调用条件变量的 signal 和 await 方法前也必须先获取条件变量对应的锁，因此 Condition 必须要配合锁一起使用，一个 Condition 的实例必须与一个 Lock 绑定，Condition 一般都是作为 Lock 的内部实现。

Condition 提供了一系列的方法来阻塞和唤醒线程：

1）await()：造成当前线程在接到信号或被中断之前一直处于等待状态。

2）await(long time,TimeUnit unit)：当前线程在接到信号、被中断或到达指定等待时间之前一直处于等待状态。

3）awaitNanos(long nanosTimeout)：当前线程在接到信号、被中断或到达指定等待时间之前一直处于等待状态。返回值表示剩余时间，如果在 nanosTimesout 之前唤醒，那么返回值 = nanosTimeout – 消耗时间，如果返回值 <= 0 ，则可以认定它已经超时。

4）awaitUninterruptibly()：当前线程在接到信号之前一直处于等待状态。注意：该方法对中断不敏感。

5）awaitUntil(Date deadline)：当前线程在接到信号、被中断或到达指定最后期限之前一直处于等待状态。如果没有到指定时间就被通知，则返回 true，否则表示到了指定时间，返回 false。

6）signal()：唤醒一个等待线程。该线程从等待方法返回前必须获得与 Condition 相关的锁。

7）signalAll()：唤醒所有等待线程。能够从等待方法返回的线程必须获得与 Condition

相关的锁。

那 Condition 条件变量是如何使用的呢？

4.3.1　Condition 案例

Condition 的使用案例简单实现了"等待"和"唤醒"的功能，代码如下所示。创建了一个重入独占锁 ReentrantLock 对象 lock，并使用 lock 对象的 newCondition( ) 方法创建了一个 ConditionObject 变量 condition，这个变量就是 lock 锁对应的一个条件变量。

Condition 中两个最重要的方法如下：

1）await：把当前线程阻塞挂起。

2）signal：唤醒阻塞的线程。

这两种方法创建了两个线程 Thread-await 和 Thread-signal，Thread-await 实现等待效果，Thread-signal 实现唤醒效果，两个线程的运行过程如下：

1）首先线程 Thread-await 获得了独占锁 lock，当 condition 调用 await 方法后，当前线程会释放锁并被阻塞等待，等待其他线程调用 condition 的 signal 或者 signalall 方法后才会被重新唤醒。

2）线程 Thread-signal 获得了独占锁 lock，当 condition 调用 signal 方法后，被阻塞的线程 Thread-await 被唤醒并等待获得锁。

3）线程 Thread-signal 释放了独占锁 lock 后，Thread-await 线程会获得锁，在 await 处返回，继续执行。

4）线程 Thread-await 释放了独占锁 lock。

```java
public classConditionDemo {
    private Lock lock=newReentrantLock();                //声明重入锁
    private Condition condition=lock.newCondition();  //条件变量

    public voidwaitTest(){
        try {
            lock.lock();                                          //获取锁
            try {
                System.out.println("condition.await,start");
                condition.await();                             //当前线程释放锁并阻塞
                System.out.println("condition.await,end");
            } catch (InterruptedException e) {
                e.printStackTrace();
            }
        }finally {
            lock.unlock();                                      //释放锁
        }
    }
```

```
public voidnotifyTest(){
    try {
        lock.lock();                      //获取锁
        System.out.println("condition.notify,start");
        condition.signal();              //唤醒等待状态的线程(同一条件变量中的等待线程)
        System.out.println("condition.notify,end");
    }finally {
        lock.unlock();                    //释放锁
    }
}


public static void main(String[] args) throws   Exception{
    ConditionDemo2 conditionDemo=new ConditionDemo2();
    //线程1,进入等待状态
    new Thread(()->{conditionDemo.waitTest();},"Thread-await").start();
//阻塞await
    //休眠一会,保证await先运行
    Thread.sleep(100);
    new Thread(()->{conditionDemo.notifyTest();},"Thread-signal").start();
//唤醒
    }
}
```

4.3.2 Condition 的源码解析

在上节案例中,lock. newCondition( )的作用其实是新建了 一 个 ConditionObject 对象,
ConditionObject 是 AQS 的内部类,可以访问 AQS 内部的变量(例如状态变量 state)和方
法。在每个条件变量内部都维护了一个条件队列,用来存放调用条件变量的 await( )方法时
被阻塞的线程。

```
finalConditionObject newCondition() {
    return new ConditionObject();
}
```

1. 等待:condition. await

调用 Condition 的 await( ) 系列方法,会使当前线程进入等待队列并释放锁,同时线
程状态变为等待状态。当从 await( )方法返回时,当前线程一定获取了 Condition 相关联
的锁 。注意这个 Condition 队列和 AQS 队列有所区别,Condition 的等待队列是一个单向
队列。

```
public final void await() throws InterruptedException {
    if (Thread.interrupted())
        throw new InterruptedException();
    //创建一个状态为 condition 的 Node 节点,并追加到 Condition 等待队列末尾
    //Condition 等待队列采用的数据结构是单向链表
    Node node = addConditionWaiter();
    //释放当前线程所占用的 lock,并唤醒 AQS 队列中的一个线程
    int savedState = fullyRelease(node);
    int interruptMode = 0;
    //如果当前节点没有在同步队列上,即还没有被 signal,则将当前线程阻塞
    while (!isOnSyncQueue(node)) {
        LockSupport.park(this);          //当前线程阻塞,进入等待状态
        /* 线程判断自己在等待过程中是否被中断了,如果没有中断,则再次循环,会在 isOnSync-
Queue 中判断自己是否在队列上
        * isOnSyncQueue 判断当前 node 状态,如果是 CONDITION 状态,或者不在队列上了,就
继续阻塞
        * isOnSyncQueue 判断当前 node 还在队列上且不是 CONDITION 状态了,就结束循环和
阻塞
        */
        if ((interruptMode = checkInterruptWhileWaiting(node)) != 0)
            break;
    }
        /* 当这个线程醒来,会尝试拿锁, 当 acquireQueued 返回 false 就是拿到锁了
        * interruptMode != THROW_IE -> 表示这个线程没有成功将 node 入队,但 signal 执
行了 enq 方法让其入队了
        * 将这个变量设置成 REINTERRUPT
        */
    if (acquireQueued(node, savedState) && interruptMode != THROW_IE)
        interruptMode = REINTERRUPT;
        /* 如果 node 的下一个等待者不是 null, 则进行清理,清理 Condition 队列上的节点
        * 如果是 null ,就不用清理
                */
    if (node.nextWaiter != null)          // clean up if cancelled
        unlinkCancelledWaiters();
    //如果线程被中断了,需要抛出异常
    if (interruptMode != 0)
        reportInterruptAfterWait(interruptMode);
}

private Node addConditionWaiter() {
    Node t = lastWaiter;
    // If lastWaiter is cancelled, clean out.
```

```
    if (t != null && t.waitStatus != Node.CONDITION) {
        unlinkCancelledWaiters();
        t = lastWaiter;
    }
    //将当前线程封装成 Node,类型为 Node.CONDITION
    Node node = new Node(Thread.currentThread(), Node.CONDITION);

    //将该节点追加到条件队列尾部
    if (t == null)
        firstWaiter = node;
    else
        t.nextWaiter = node;
    //更新 lastWaiter,队列为节点指向新节点
    lastWaiter = node;
    return node;
}
```

2. 唤醒 Condition. signal

调用 Condition 的 signal( )方法, 将会唤醒在等待队列中等待时间最长的节点 (首节点), 在唤醒节点之前, 会将节点移到同步队列中

```
public final void signal() {
    if (!isHeldExclusively())                     //先判断当前线程是否获得了锁
        throw new IllegalMonitorStateException();
    Node first = firstWaiter;                     //获得 Condition 队列上首节点
    if (first != null)
        //将条件队头元素移动到 AQS 队列
        doSignal(first);
}
 private void doSignal(Node first) {
    do {
        //队列的头节点指向下一个节点.如果头节点的后继节点是 null, 说明当前队列只有一个
节点,这时头节点和尾节点需同时指向 null
        if ( (firstWaiter = first.nextWaiter) == null)
            lastWaiter = null;
        first.nextWaiter = null;//将从队列取出来第一个节点的后继节点=null
    } while (!transferForSignal(first) &&         //将条件队头元素移动到 AQS 队列
            (first = firstWaiter) != null);
}

/*
*该方法先使 CAS 修改了节点状态,如果成功,就将这个节点放到 AQS 队列中
*然后唤醒这个节点上的线程 此时,该节点就会在 await 方法中苏醒
```

```
*/
final boolean transferForSignal(Node node) {
    /*
        * If cannot change waitStatus, the node has been cancelled.
        */
    if (!compareAndSetWaitStatus(node, Node.CONDITION, 0))
        return false;
```

//如果上一个节点的状态被取消了，或者尝试设置上一个节点的状态为 SIGNAL 失败了(SIGNAL 表示：next 节点需要停止阻塞)，

```
    Node p = enq(node);
    int ws = p.waitStatus;
    if (ws > 0 || !compareAndSetWaitStatus(p, ws, Node.SIGNAL))
        LockSupport.unpark(node.thread);
    return true;
}
```

3. Condition 总结

阻塞：await()方法中，在线程释放锁资源之后，如果节点不在 AQS 等待队列，则阻塞当前线程，如果在等待队列，则自旋等待尝试获取锁。

释放：signal()后，节点会从 condition 队列移动到 AQS 等待队列，则进入正常锁的获取流程。

4.4 本章小结

本章主要介绍了 Java 并发包锁。首先简要介绍了 JUC 锁的功能和特点，其次对独占锁 ReentrantLock 进行了介绍，主要讲解了独占锁 ReentrantLock 的获取和释放，以及 AQS 同步队列等。最后介绍了并发包锁中的 Condition 条件变量，并提供了相关案例和源码解析。

扫一扫观看串讲视频

第 5 章

并发容器原理

Java 中的容器主要分为四大类：List、Map、Set 和 Queue，但是并不是所有容器都是线程安全的。比如，经常使用的 ArrayList、HashMap、HashSet 就不是线程安全的。

早期的 JDK 1.0 中就提供了一些线程安全的同步容器，包括 Vector、Stack 和 Hashtable。此外，还有在 JDK 1.2 中新增的 Collections 内部 SynchronizedXxx 类，它们也是线程安全的同步容器，可以由对应 Collections.synchronizedXxx 工厂方法创建。这些类实现线程安全的方式相同，都是基于 synchronized 同步关键字实现的，通过添加 synchronized 实现线程同步，保证每次只有一个线程能访问容器，所以它们被统称为同步容器。

在 JDK 1.5 之前，JDK 提供的线程安全的类均为同步容器。同步容器都是线程安全的，但是所有线程都只能串行访问同步容器，性能很差。在 JDK 1.5 之后引入了 JUC 并发包，提供了更多类型的并发容器，在性能上做了很多改进优化，可以用来替代同步容器，它们都是针对多线程并发访问来进行设计的，所以统称为并发容器。在 JUC 包中，有一大部分是关于并发容器的，并发容器依然可以归属到四大类中：List、Map、Set 和 Queue。本章将重点介绍日常使用频率较高的 CopyOnWriteArrayList 和 ConcurrentHashMap 的实现原理，阻塞队列部分则在下一章讨论。

5.1　List 并发容器

List 是一种有序集合，内部维护着一个数组，可以通过整数索引随机访问元素。JDK 1.5 之前，JDK 提供的 List 同步容器，有以下两种：

1）使用 Vector 类。

2）使用 Collections. synchronizedList 返回一个同步代理类 SynchronizedList。

```
List list = Collections.synchronizedList(new ArrayList());
```

这两种方式都是通过在类的方法上添加 synchronized 同步锁实现线程安全，访问对象方法都需要首先获取同步锁，所有线程都只能串行访问共享对象，并发性能比较低。

List 并发容器只有一个实现类：CopyOnWriteArrayList，在读多写少的场景中可以替代同步容器，获得更好的并发性能。

CopyOnWrite，即 Copy-On-Write，利用的是"写入时复制"的理念。通俗地说，进行修改操作的时候，不会在原有的数组上进行修改，而是会创建当前容器的一个副本，在副本上进行修改，操作完毕后，再将数据的引用指向新的数组。而读操作还是在原来的数组上进行，这样做的好处是可以同时进行多个读操作。读操作使用原来的数组，写操作使用新的数组，这样读和写之间就不会有冲突，读操作和写操作可以并发执行。这样就实现了读操作无锁化，多个线程进行写操作仍需要同步进行。

CopyOnWriteArrayList 仅适用于允许写操作非常少并且能容忍短暂读写数据不一致的场景，下面来看一下它的实现原理。

CopyOnWriteArrayList 内部结构很简单，使用独占锁 lock 控制并发修改，保证同时只能有一个线程执行修改操作。

```
public class CopyOnWriteArrayList<E>
    implements List<E>, RandomAccess, Cloneable, java.io.Serializable {
    //重入独占锁,用于修改操作时的同步
    final transient ReentrantLock lock = new ReentrantLock();
    //内部数组,保存实际数据.volatile 类型
    private transient volatile Object[] array;
}
```

5.1.1 add 方法：添加元素

add 方法的主要步骤如下：

1）首先需要先获取锁，这样就能保证只能有一个写线程修改 array 数据。

2）创建一个新的数组 newElements，新数组的大小等于原来数据的长度+1，并将原数组的值复制到新数组中。

3）将新元素添加到新数组的末尾。

4）修改字段 array 引用的指向，将 array 指向新数组。

5）最后将锁释放，这样其他写线程才能获取锁。

```
public boolean add(E e) {
    final ReentrantLock lock = this.lock;
    lock.lock();                            //获取独占锁
    try {
        Object[] elements = getArray();     //原数组
        int len = elements.length;          //原数组长度
        Object[] newElements = Arrays.copyOf(elements, len + 1);//创建数组副本
        newElements[len] = e;               //插入新元素到数组末尾
        setArray(newElements);              //将 array 引用指向新数组
        return true;
    } finally {
        lock.unlock();                      //解锁
    }
}
```

添加元素基本流程如图 5-1 所示。

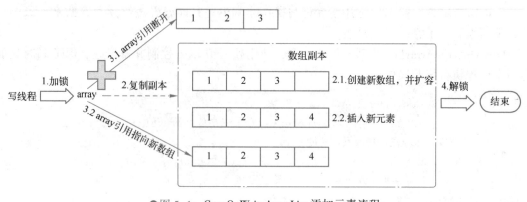

●图 5-1　CopyOnWriteArrayList 添加元素流程

5.1.2　修改/插入/删除

修改/插入/删除实现代码如下所示。

```
//修改
public E set(int index, E element)
//插入
public void add(int index, E element)
//删除
public E remove(int index)
```

修改/插入/删除操作与添加操作的原理是一样的，所有涉及修改元素的方法都需要先加锁，创建原有数组副本，修改操作都在副本上进行，操作完成后将 array 引用指向新数组。这里不再赘述。

5.1.3　get 方法：获取元素

读取操作都是在现在的数组上进行的，get 方法代码如下，可以看到 get 方法不需要加锁，直接返回了现在数组对应索引位置的元素：array[index]。

```
public E get(int index) {
    return get(getArray(), index);
}


private E get(Object[] a, int index) {
    return (E) a[index];
}
```

CopyOnWriteArrayList 的实现原理如图 5-2 所示，使用"写入时复制"的思想，读操作实现了完全无锁，写操作在数组副本上完成且同时只能有一个线程执行修改操作，这是一种读写分离的并发策略。

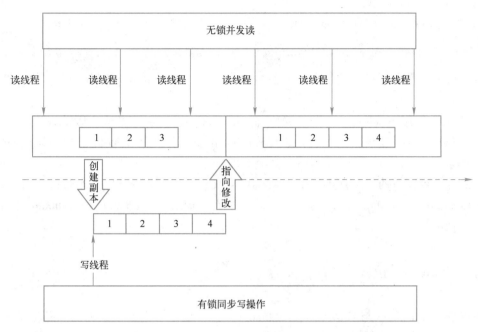

●图 5-2 CopyOnWriteArrayList 实现原理

CopyOnWriteArrayList 的思想比较朴素，实现起来也比较简单，适用于"读多写少"的并发场景。底层使用数组存储数据，在进行写操作的时候，会创建副本操作，这样内存中就会同时存在两个数组。数据量比较大时内存占用严重，所以 CopyOnWriteArrayList 并不适合大数据场景。

另外，读操作读取的是一个数组，写操作处理的是另一个数组，读操作和写操作是发生在两个不同的数组上。所以 CopyOnWriteArrayList 只能保证读操作的最终一致性，不能保证实时一致性。CopyOnWriteArrayList 只适合允许短暂数据不一致的场景，如果希望数据写入可以立即被读到，那 CopyOnWriteArrayList 就不适合了。

5.2　Map 并发容器

Map 是一种常用的集合，它以键（key）值（value）对的形式存储数据，每个键只能映射一个值，并且键不允许重复。

HashMap 是 Map 的一个实现类，也是使用最普遍的类，它基于哈希表实现。HashMap 被用来存储键值，相比于数组和链表来说，HashMap 性能优越，查找元素的时间复杂度为 $O(1)$。但是在多线程环境中 HashMap 是线程不安全的，在 JDK 1.7 之前，并发场景下使用 HashMap 可能会出现死循环，扩容是造成死循环的主要原因。虽然在 JDK 1.8 中，修复了 HashMap 的死循环问题，但是在高并发场景下，依然免不了会有数据丢失以及不准确的情况出现。

JDK 1.5 之前，JDK 提供的 Map 同步容器，有以下两种：

1）使用 Hashtable 类。

2）使用 Collections. synchronizedMap 返回一个同步代理类 SynchronizedMap。

```
Map map = Collections.synchronizedMap(new HashMap());
```

这两种方式都是通过在类的方法上添加 synchronized 同步锁实现线程安全，并发性能比较低。

Hashtable 使用 synchronized 同步锁修饰 put、get、remove 等方法，因此在高并发场景下，读写操作只能串行进行，会存在大量锁竞争，并发性能比较低，给系统带来性能开销。

Map 并发容器有两个实现类：ConcurrentHashMap 和 ConcurrentSkipListMap。和 Hashtable 一样，ConcurrentHashMap 的 key 也是无序的。相比 Hashtable，ConcurrentHashMap 提供了更好的并发性能。

5.2.1 ConcurrentHashMap 简介

ConcurrentHashMap 与 HashMap、Hashtable 一样，也是一个基于散列的 Map，是一个高性能且线程安全的 Map 容器。ConcurrentHashMap 在并发编程中使用频率是比较高的，为了提高并发性能，ConcurrentHashMap 做了很多优化，不同版本的 ConcurrentHashMap，内部实现机制可能是千差万别的，本节中所有的讨论与分析都是基于 JDK 1.8 进行的。

Hashtable 是在每个方法上加上同步锁使得每次只能有一个线程访问容器，而 ConcurrentHashMap 使用了一种粒度更细的加锁机制"分段锁"，实现了更大程度的共享。在这种机制中，多个读取线程可以并发地访问容器，读取线程和写入线程也可以并发地访问容器，并且支持一定数量的写入线程并发访问容器。

ConcurrentHashMap 和 HashMap 一样，使用起来很简单，主要方法有 put、get、remove 等，下面来分析在 JDK8 中，它是如何实现的。

ConcurrentHashMap 类图结构如图 5-3 所示，ConcurrentHashMap 的类继承关系比较简单，继承了 AbstractMap 抽象类并且实现了 ConcurrentMap 接口。

AbstractMap 提供了 Map 接口的基本实现，通过继承 AbstractMap 可以最大限度地减少实现 Map 数据结构时所需工作量。

ConcurrentMap 继承了 Map 接口，是一个提供了线程安全性和原子性保证的 Map 接口。

ConcurrentHashMap 内部定义了一个 Node 类型的数组 table，用于存放数据。

```
transient volatile Node<K,V>[] table;
```

沿用流行的说法，table 数组的每一个位置称为一个桶。

当将键值对放入 ConcurrentHashMap 时，键值对会被封装成节点并放入到键值映射的桶中。

节点类型有五种：Node、TreeBin、TreeNode、ForwardingNode 和 ReservationNode，这五个节点的类结构如图 5-4 所示。Node 节点实现了接口 Map. Entry，同时也是其他四种类型节点的父类。只有 Node 和 TreeNode 存储着真实的数据，其他三种节点都是辅助节点。

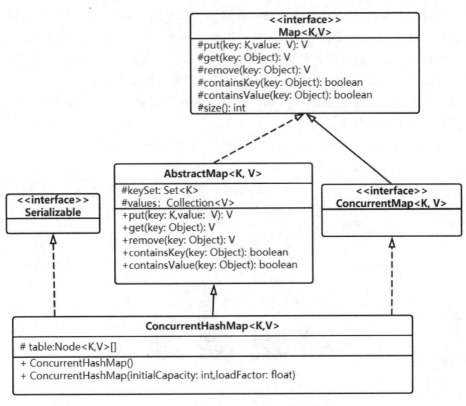

●图 5-3 ConcurrentHashMap 类图结构

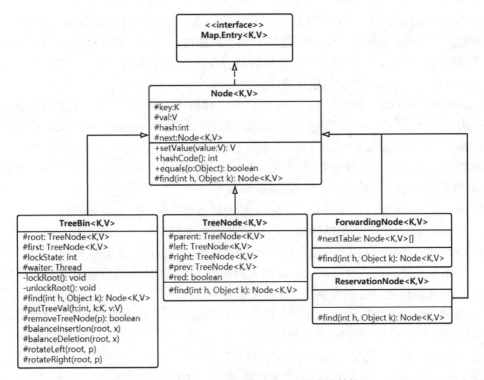

●图 5-4 ConcurrentHashMap 五种节点类结构

当需要向 ConcurrentHashMap 中存储一个数据（键值对）的时候，首先根据键的 hash 值计算数据在数组 table 的索引位置，然后再将数据封装成 Node 节点放入到数组指定位置的桶中。当索引位置已经存在元素时发生哈希冲突，ConcurrentHashMap 解决哈希冲突的方式是链地址法，数据首先被封装成 Node 节点以链表的形式链接到 table[i] 上，当 Node 节点数量超过一定数目时，为了优化查询效率，链表会转化为红黑树存储，存储数据的 Node 节点会同时转化为 TreeNode 节点。

在 JDK8 中，ConcurrentHashMap 的内部数据结构如图 5-5 所示。

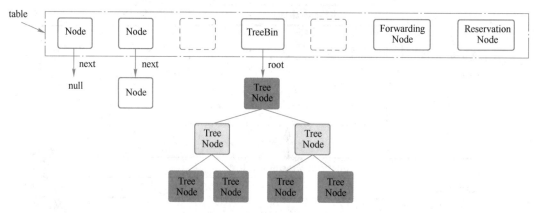

●图 5-5　ConcurrentHashMap 的内部数据结构

如图 5-5 所示，在 table 上一共有 4 种类型的桶：Node、TreeBin、ForwardingNode 和 ReservationNode。在 Node 桶中，Node 连接着一个链表，数据被封装成 Node 节点以链表的方式存储；在 TreeBin 桶中，TreeBin 连接着一个红黑树，真实数据被封装成 TreeNode 节点以红黑树的结构存储，TreeBin 指向红黑树的根节点。只有 Node 和 TreeBin 类型的桶中会存储真实的数据，其他两种类型的桶起辅助作用。

ForwardingNode 是一种临时节点，hash 值为固定值 -1，在扩容进行中才会出现，相当于一个占位节点。当 table 中节点数量到达指定的阈值时，ConcurrentHashMap 就会进行扩容。扩容时 ConcurrentHashMap 会新建一个数组 nextTable，将原来数组 table 中的数据迁移到新的数组 nextTable 中。当 table 数组的一个 hash 桶中全部的节点都迁移到了 nextTable 中，原 table 数组的桶中会被放置一个 ForwardingNode 节点。

ReservationNode 是一个保留节点，hash 值为固定值 -3，在 ConcurrentHashMap 中就相当于一个占位符，不存储实际的数据，正常情况不会出现。在 ConcurrentHashMap 中，computeIfAbsent 和 compute 这两个函数在加锁时会使用 ReservationNode 起到占位符的作用。

TreeBin 是红黑树的顶级节点，hash 值为固定值 -1。当桶中的数据以红黑树结构存储的时候，TreeBin 作为桶的顶级节点，存储在 table 中。

TreeBin 是作为红黑树的顶级节点存储在 table 数组中，为什么红黑树桶的顶级节点不直接使用 TreeNode，而是使用 TreeBin 呢？

这是因为红黑树的操作比较复杂，包括构建、插入、删除、平衡、左旋、右旋相关操作，ConcurrentHashMap 用了 TreeBin 作为红黑树的一个代理节点封装了这些复杂的操作，这其实是一种"职责分离"的思想，这样做降低了 TreeNode 的复杂度。

另一方面，红黑树在插入和删除节点时，会有个平衡的过程，期间的左旋和右旋操作会涉及大量节点位置的移动。在平衡过程中，红黑树的根节点有可能会发生变动，平衡结束后根节点可能就变成了孩子节点，而孩子节点可能变成根节点。如果以红黑树根节点作为顶级节点，在插入和删除节点时，由于根节点的不确定性，就不可能通过在顶级节点加同步锁的方式实现线程安全。

ConcurrentHashMap 提供了五种构造函数，这五种构造函数的主要作用是计算 table 的初始容量大小。需要注意的是，在构造函数中没有创建实际的 table 数组，只有在首次插入数据的时候，才会使用初始容量初始化数组。

ConcurrentHashMap 中与容量有关的属性如下：

```
//默认容量,2 的 4 次幂
private static final int DEFAULT_CAPACITY = 16;
//最大容量,2 的 30 次幂,table 的容量必须是 2 的次幂值
private static final int MAXIMUM_CAPACITY = 1 << 30;
//这个参数的比较特殊,用途比较多
private transient volatile int sizeCtl;
```

table 数组的容量必须是 2 的次幂值，容量字段是 int 类型，int 占 32 位，最高位为符号位，数值部分只有 31 位可用，所以最高容量只能为 2 的 30 次幂，也就是 1 << 30。

sizeCtl 参数是非常重要的一个属性，sizeCtl 的用途比较多，其中负数代表正在进行初始化或者扩容操作。根据情境的不同，sizeCtl 有不同的含义及作用，总结起来分为以下四种情况：

1）sizeCtl = 0：默认值，表示 table 初始化时使用默认容量 DEFAULT_CAPACITY。

2）sizeCtl>0：有两种含义：

如果 table 未初始化，sizeCtl 表示 table 初始化时的容量，这种情况出现在使用非默认构造函数创建 ConcurrentHashMap 实例时。

如果 table 已初始化，sizeCtl 表示 table 扩容的阈值，当 ConcurrentHashMap 中的键值对数>=sizeCtl 时，table 会进行扩容迁移。

3）sizeCtl = -1：表示有线程正在初始化 table 数组操作，初始化时使用方法 initTable 方法，使用 CAS 更新 sizeCtl 的值保证只有一个线程执行初始化操作。

4）sizeCtl = -(1 + nThreads)，表示有 nThreads 个线程正在进行扩容操作。

ConcurrentHashMap 常用的构造函数有以下两个：

1）默认构造函数。默认构造函数会使用默认容量构建 table 数据，默认容量是 16。

```
publicConcurrentHashMap() {}
```

2）指定初始容量的构造函数。

```
//指定初始容量的构造器
public ConcurrentHashMap(int initialCapacity) {
    if (initialCapacity < 0)
        throw new IllegalArgumentException();
```

```
    int cap = ((initialCapacity > = (MAXIMUM_CAPACITY > > > 1)) ? MAXIMUM_
CAPACITY :
        tableSizeFor(initialCapacity + (initialCapacity >>> 1) + 1));

    this.sizeCtl = cap;
}

private static final int tableSizeFor(int c) {
        int n = c - 1;
        n ǂ n >>> 1;
        n ǂ n >>> 2;
        n ǂ n >>> 4;
        n ǂ n >>> 8;
        n ǂ n >>> 16;
        return (n < 0) ? 1 : (n >= MAXIMUM_CAPACITY) ? MAXIMUM_CAPACITY : n + 1;
    }
```

这个构造函数会根据传入的 initialCapacity 值，计算 table 的初始容量。首先判断 initial-Capacity 是否合法，如果 initialCapacity 小于 0，抛出异常。然后使用 tableSizeFor 方法计算初始容量，初始容量为(initialCapacity + (initialCapacity >>> 1) + 1)的最小 2 的次幂值。

tableSizeFor 方法解析

tableSizeFor 方法是一个 final 静态方法，用于计算离输入参数 c 最近的 2 的次幂值，返回值>=c。

在 HashMap 中也使用了同样的方法计算初始容量。tableSizeFor 方法十分精妙，使用了 5 次无符号右移和或操作计算离输入参数最近的 2 的次幂值，也就是大于等于 c 的最小的 2 的次幂值。下面分析下这个方法的实现。

从构造函数中传入 tableSizeFor 的 c 值，肯定大于 0。若构造函数中的入参 initialCapacity = 0, initialCapacity + (initialCapacity >>> 1) + 1 = 1，即 c = 1，所以 c>=1。在 tableSizeFor 内部，首先定义了局部变量 n，n=c-1，所以 n>=0。

若 n=0，n 经过无符号右移之后，仍然为 0；0 | 0 仍旧为 0。所以最后方法返回值为 n+1=1，即 2 的 0 次幂。

若 n>1，n 的二进制位中，假如现在 n 的二进制数为 1xxxxxxx，x 可能是 0 或者 1。tableSizeFor 方法执行步骤如下：

1）按照 tableSizeFor 代码对其进行无符号右移和或操作。

```
n ǂ n >>> 1
    1xxxxxxx
  |01xxxxxx1xxxxxx 无符号右移 1 位的结果
=   11xxxxxx 或操作结果
```

从结果看出，n 无符号右移 1 位然后和原数进行或操作，n=11xxxxxx，结果将 n 的最高 2 位变成 1。

2）对 n 继续进行操作。

```
n ≠ n >>> 2
   11xxxxxx
 |0011xxxx11xxxxxx 无符号右移 2 位的结果
= 1111xxxx 或操作结果
```

从结果看出，n 无符号右移 2 位然后和原数进行或操作，n = 1111xxxx，结果将 n 的最高 4 位变成 1。

3）接着对 n 继续进行操作。

```
n ≠ n >>> 4
   1111xxxx
 |000011111111xxxx 无符号右移 4 位的结果
= 11111111 或操作结果
```

从结果看出，n 无符号右移 4 位然后和原数进行或操作，n = 11111111，结果将 n 的最高 8 位变成 1。

4）再接着对 n 继续进行操作。

```
n ≠ n >>> 8
     11111111
 |1111111111111111 无符号右移 8 位的结果
= 11111111 或操作结果
```

从结果看出，n 无符号右移 8 位然后和原数进行或操作，n = 11111111，所得结果不变，最高 8 位仍旧为 1。

5）继续对 n 继续进行操作。

```
n ≠ n >>> 16
     11111111
 |1111111111111111 无符号右移 16 位的结果
= 11111111 或操作结果
```

从结果看出，n 无符号右移 16 位然后和原数进行或操作，n = 11111111，所得结果不变，最高 8 位仍旧为 1。

所以，tableSizeFor 最后返回值为：11111111 + 1 = 1 00000000，为 2 的 9 次幂值。

从上述移位和或操作过程，可以看出，每次 n 位符号右移 offset 位然后再和原数进行或操作，所得结果保证了 n 的二进制最高 offset ＊ 2 位（offset ＊ 2 <= n 的 bit 位数）都为 1。这样无符号右移 1、2、4、8、16 位并进行或操作后，就保证了 n 的原数最高位和最高位后面 bit 位都变成了 1。

n 再加 1 后，就变成了（最高位+1）的 bit 位为 1，其余位都是 0，这样 tableSizeFor 方法的返回值就是 2 的次幂值。

可能大家会有疑问，tableSizeFor 方法中，n 的初始值为 c-1，为什么不直接使用 n=c 呢？

如果入参 c 不是 2 的次幂时，n=c 和 n=c-1，tableSizeFor 方法的返回值是一样的。

如果当 c 恰好是 2 的次幂时，如果 n=c-1，无符号右移和或操作后，所得方法的返回值正好是 c 。但是如果 n=c，无符号右移和或操作后，所得方法的返回值正好是 c 的 2 倍。

显然 n=c-1，更符合预期，可以避免非预期的大对象的创建。

无论是使用默认构造函数，还是使用指定容量的构造函数，ConcurrentHashMap 的初始容量必须都是 2 的次幂值。而且 ConcurrentHashMap 在扩容时，扩容后新数组的容量是在原来容量的基础上扩容 2 倍，仍旧是 2 的次幂值。也就是说 ConcurrentHashMap 的容量会一直保持 2 的次幂值，这点和 HashMap 是一样的。容量保持 2 的次幂值，无论插入数据时计算索引位置，还是扩容时计算扩容后的索引位置，都能保证了这些计算的高效性。这点在后面会详细阐述。

5.2.2　put 方法：添加元素

ConcurrentHashMap 添加数据的方法有 put 和 putAll 两个方法，它们的原理相似，下面以 put 方法为例来分析。

```
public V put(K key, V value) {
    return putVal(key, value, false);
}
```

put(key，value)方法会添加键值对到 ConcurrentHashMap 中，如果 ConcurrentHashMap 中不存在键值为 key 的元素，插入成功后返回 null；反之，若 ConcurrentHashMap 已经存在键值为 key 的元素，则更新已有元素值为新值并返回旧值。在 put 内部，直接调用了私有方法 putVal 方法。

putVal 方法的主要逻辑是：首先将数据插入到对应索引的桶中，数据插入成功后根据桶中节点的数量判断是否将链表转化为红黑树。最后，判断 table 数组是否需要扩容。

putVal 方法从代码逻辑上可以分成两个阶段：第一个阶段是将数据插入到 table 中，第二个阶段是更新 ConcurrentHashMap 的元素总数。

```
final V putVal(K key, V value, boolean onlyIfAbsent) {
        if (key == null ‖ value == null) throw new NullPointerException();//key
和 value 不能为 null
        int hash = spread(key.hashCode());              //计算 key 的 hash 值
        int binCount = 0;                               //桶中 bin 数量
        //第一个阶段:是将数据插入到 table 中
        for (Node<K,V>[] tab = table;;) {               //<1> 自旋插入数据
            Node<K,V> f; int n, i, fh;
            if (tab == null ‖ (n = tab.length) == 0)     //<Case 1>: table 未初始
化,先初始化
                tab = initTable();
            else if ((f = tabAt(tab, i = (n - 1) & hash)) == null) {    //<Case 2>:
table[i]中无元素
                if (casTabAt(tab, i, null,
```

```
                          new Node<K,V>(hash, key, value, null)))     //CAS 失败,
自旋重试
                break;                              //CAS 成功,退出 for 循环
        }
        else if ((fh = f.hash) = = MOVED)      //<Case 3>:table 正在扩容
            tab = helpTransfer(tab, f);
        else {                                  //<Case 4> :哈希冲突
            V oldVal = null;
            synchronized (f) {                  //对 table[i]加同步锁
                if (tabAt(tab, i) = = f) {      //检验 table[i]是否被修改,防止其他线
程的写修改
                    //<Case 4-1> table[i]是 Node 节点,表明是链表
                    if (fh >= 0) {
                        binCount = 1;
                        for (Node<K,V> e = f;; ++binCount) {
                            K ek;
                            //判断是否存在"相等"的节点
                            if (e.hash = = hash &&
                                ((ek = e.key) = = key ||
                                (ek != null && key.equals(ek)))) {
                                oldVal = e.val;
                                if (!onlyIfAbsent)
                                    e.val = value;          //更新节点的值
                                break;
                            }

                            Node<K,V> pred = e;
                            if ((e = e.next) = = null) {    //没有找到"相等"的节点
                                pred.next = new Node<K,V>(hash, key,
                                                    value, null);
                                break;
                            }
                        }
                    }
                    //<Case 4-2> table[i]是 TreeBin,是红黑树
                    else if (f instanceof TreeBin) {
                        Node<K,V> p;
                        binCount = 2;                   //插入红黑树,binCount 等于 2
                        if ((p = ((TreeBin<K,V>)f).putTreeVal(hash, key,
                                            value)) != null) {
                            oldVal = p.val;
                            if (!onlyIfAbsent)
```

```
                                    p.val = value;
                            }
                        }
                    }
                }


        //<2> 插入数据成功后,判断链表是否转化为红黑树
        if (binCount != 0) {                    //binCount>0,说明插入数据成功
            if (binCount >= TREEIFY_THRESHOLD)    //链表节点数量达到阈值
                treeifyBin(tab, i);         //链表转化为红黑树
            if (oldVal != null)              //表明本次 put 操作只是替换了旧值
                return oldVal;
            break;
            }
        }
    }
    //第二个阶段:更新 ConcurrentHashMap 的元素总数
    //<3> 运行到这里,说明插入数据结束,更新计数器,对哈希表中元素进行计数,加 1
    addCount(1L, binCount);
    return null;
}
```

1. put 第一阶段：插入数据

插入数据到 table 中，一共处理了以下四种情况：

（1）table 未初始化，先初始化 table

在上述代码<Case 1>处，判断 table 未初始化，先初始化 table。初始化 table 使用的是 initTable()方法。table 初始化结束后，线程会重新回到执行上述代码<1>处，重新执行插入操作。

（2）table 对应索引位置 table[i] 的桶是空的

这是最简单的情况，数据直接放入 table[i] 中即可。

在上述代码<Case 2>处，首先根据键 key 的 hash 值，计算插入数据在 table 中的索引位置 i，即 table 中对应桶的位置。如果 table[i]为 null，说明桶中没有存放任何元素，执行 CAS 操作将数据封装为 Node 节点放入桶中。CAS 更新成功，插入数据成功跳出 for 循环；若 CAS 失败，说明有其他线程抢先 CAS 添加成功，线程会重新回到执行代码<1>处，重新执行插入操作。

可以看到，在上述代码<2>处，计算索引为止使用的公式为：(n − 1) & hash = (table.length−1) & hash(key)。这也是 table 的大小必须是 2 的幂次值的主要原因之一。

根据 key 的 hash 值计算数组索引值，索引值需要落到 0 至 table.length−1 范围内。计算索引位置可以使用的方式有以下两种：

1）一般可以使用取余的方式：hash 值除以 table 的长度 length 取余，结果即为 key 值所在桶的索引。

```
index = hash(key) % length
```

2）利用 table 的长度 length 为 2 的次幂值特点，可以使用与运算的方式，计算 key 值所在桶的索引。

假设 length 为 2 的 n 次幂值，转换为二进制，从右向左的第 n 个 bit 位为 1，其余位为 0；length-1，转换为二进制，从右向左，从第 1 位至第 n-1 位的 bit 位均为 1，其余高位为 0。

0 与一个数 num 进行与操作时，结果为 0；1 和一个数进行与操作时，结果仍为另一个数本身。所以使用 length-1 与一个数进行与操作时，这个数大于 n-1 的高位都会被截取，低位为这个数对应 bit 位的本身。因此，当 length 为 2 的 n 次幂值时，num&（length-1）结果范围为 0~（length-1），与取余操作效果是等同的。

位运算快于取余运算，当 length 为 2 的次幂值时，0~length-1 范围内的数都有机会成为结果，可以实现 key 在 table 中的均匀分布，也不会造成桶空间浪费，减少了 hash 冲突。

（3）table[i] 的桶不是空的

如果发现 table[i] 位置为 ForwardingNode 节点，说明此时 table 正在扩容。

线程运行到上述代码<Case 3>处时，如果发现 ForwardingNode 节点，表明此时 table 正在进行扩容。ForwardingNode 节点是 ConcurrentHashMap 的五种节点之一，是 table 扩容时使用的临时节点，是一个占位节点，表示 table 当前正在进行扩容并迁移数据，当前线程需要先尝试协助进行数据迁移。

table 扩容迁移完毕后，线程会重新回到执行上述代码<1>处，重新执行插入操作。

扩容和数据迁移是 ConcurrentHashMap 中最核心和最复杂的部分，这个在后面详细讨论。

（4）table[i] 的桶中已经有了数据节点，出现 hash 冲突

线程运行到上述代码<Case 4> 处时，说明 table[i] 的桶中已经有了数据节点，出现 hash 冲突。当两个数据的 key 值的 hash 值计算出来的索引位置相同时，就会出现这种情况。这时将数据添加到桶中时，桶的类型分为两种情况：链表或者红黑树。

1）首先对 table[i] 加同步锁，同时检验 table[i] 是否被修改，如果已被修改，说明有其他线程的写操作造成了 table[i] 中数据的变化，这时线程回到执行上述代码<1>处，重新插入操作。

table[i] 被修改的情况，比如其他线程删除了 table[i] 的元素或者其他线程在 table [i] 的位置插入数据后，链表结构变为了红黑树结构，table[i] 由 Node 节点变为了 TreeBin 节点。

2）加锁成功，判断 table[i] 桶的类型是链表还是红黑树。

若 table[i] 桶类型为链表。在上述代码<Case 4-1>处，判断 table[i] 节点的 hash 值，如果 hash 值大于 0，说明节点类型为 Node 节点，桶的类型是链表。首先遍历查找链表是否存在与插入数据"相等"的节点，如果存在，更新节点的值为新值，跳出 for 循环；如果在链表中不存在与插入数据"相等"的节点，则将数据封装成 Node 节点插入到链表尾部。

table[i] 桶的类型红黑树。在上述代码<Case 4-2>处，判断 table[i] 是 TreeBin，说明桶的类型红黑树。就会将数据封装成 TreeNode 节点通过红黑树的插入方式插入。

插入数据结束后，线程会运行到上述代码<2>处。常量 TREEIFY_THRESHOLD 为 8，若 binCount>=8，说明此时的 binCount 肯定为链表中节点数量。如果 binCount>8，将链表转

化为红黑树。若此次 put 操作只是替换了旧值，ConcurrentHashMap 中没有新增元素，直接返回旧值。

putVal 插入数据成功后，若 binCount>=8，出于性能考虑，使用 treeifyBin 方法将链表转化为红黑树。事实上，当 table[i] 中 binCount>=8 时，treeifyBin 并非立即进行转换，当 table 容量太小的时候，会优先考虑将 table 进行整体扩容 1 倍。

① 如果 table 的容量太小（小于 64）时，会先将 table 扩容 2 倍。

当 binCount>=8 时，treeifyBin 并不会立即进行转换，出于性能考虑（减少哈希冲突和避免频繁的扩容迁移），当 table 的容量小于 64 时，对 table 数组做扩容 1 倍的处理——使用 tryPresize 方法扩容。tryPresize 方法涉及扩容和数据迁移，这个后面讲解。

② 如果 binCount>=8 且 table 的容量大于等于 64，将链表转化为红黑树。

在下述代码 <Case 2> 处，判断桶的类型为链表时，先对 table[index] 加锁，同时检验 table[index] 是否被修改。如果 table[index] 没有被修改，将 table[index] 桶中数据结构由单向链表转化为红黑树。

首先遍历单向 Node 链表，创建双向 TreeNode 链表。然后创建 TreeBin 实例并同时构建红黑树结构，将 TreeBin 更新到 table[index] 中。

所以在红黑树中的 TreeNode 节点，事实上维护两种数据结构：红黑树和双向链表。

如果 table[index] 已被修改，说明有其他线程的修改了 table[i] 中数据，放弃转化，直接退出 treeifyBin。

table[index] 处有两种情况，会使 table[index] 发生变化：

其他线程删除了该节点数据，链表长度 -1，则无须扩容。

其他线程插入数据抢先使链表结构变为了红黑树结构，table[i] 由 Node 节点变为了 TreeBin 节点，此时也无须扩容。

```
//index:桶的索引值
private final void treeifyBin(Node<K,V>[] tab, int index) {
    Node<K,V> b; int n, sc;
    if (tab != null) {
        if ((n = tab.length) < MIN_TREEIFY_CAPACITY)//<Case 1>:如果 table 的容
量小于 64,将 table 扩容 2 倍
            tryPresize(n << 1);
        //如果 table 的长度大于等于 64,进行链表到红黑树的转换
        else if ((b = tabAt(tab, index)) != null && b.hash >= 0) {//<Case 2>:桶
的类型为链表
            synchronized (b) {//对 table[index]加锁
                if (tabAt(tab, index) == b) {//<Case 2-1>:检验 table[i]是否被修
改,防止其他线程的写修改 以 volatile 读的方式获取 table[i],保证获取到的数据是最新值
                    TreeNode<K,V> hd = null, tl = null;//hd:头节点,t1 前继节点
                    //遍历单向链表,创建双向链表
                    for (Node<K,V> e = b; e != null; e = e.next) {
                        //将 Node 节点转变为 TreeNode 节点
                        TreeNode<K,V> p =
```

```
                              new TreeNode<K,V>(e.hash, e.key, e.val,
                                              null, null);
                    if ((p.prev = tl) == null)      //hd 保存头节点,设置当前节
点的前继节点

                        hd = p;
                    else
                        tl.next = p;         //设置前继节点的后继节点为当前节点
                    tl = p;            //保存 t1 为前继节点,开始处理下一个 Node 节点
                }


                //以 TreeBin 类型包装双向链表为红黑树,保存 TreeBin 到 table
[index]中
                setTabAt(tab, index, new TreeBin<K,V>(hd));
            }
        }
    }
}
```

2. initTable 方法：初始化数组

initTable 这个方法比较简单，用于初始化 table 数组，并返回初始化后的数组。

初始化 table 数组时用到 sizeCtl 这个字段，在初始化数组时 sizeCtl 的含义和用途有以下两种：

1）sizeCtl= -1：代表 table 正在初始化。

2）sizeCtl>=0：table 未初始化前，sizeCtl 与初始化容量有关。table 初始化结束后，sizeCtl 为下次扩容阈值。

initTable 方法使用 CAS 无锁策略，保证同时只能有一个线程执行初始化 table 的工作。initTable 方法主要逻辑如下：

1）检测 table 是否已经初始化：首先在代码<1>处，执行 while 循环条件检测 table 是否已经初始化，如果还未初始化，进行初始化操作；如果已初始化，直接退出 initTable 方法。

2）开始初始化操作，在代码<2>处，处理了两种情况：table 还未初始化或者已经开始了初始化。

代码<Case 2-1>代表 table 已经开始了初始化，代码<Case 2-2>代表 table 还未初始化。

① 当第一个线程 Thread1 进入 initTable 方法时，这时 sizeCtl>=0，会执行代码<Case 2-2>。初始化前 CAS 设置 sizeCtl 为 -1，若 CAS 成功代表当前线程抢占了初始化 table 的工作。

```
//CAS 设置 sizeCtl 为-1
U.compareAndSwapInt(this, SIZECTL, sc, -1);
```

② 若有其他线程（如线程 Thread2）进入 initTable 方法，这时 sizeCtl = -1。线程

Thread2 执行代码<Case 2-1>,Thread. yield( ), 让出 CPU 执行权。

线程 Thread1 执行代码块<Case 2-2>初始化 table。table 初始化完毕后, 最后会在 finally 代码块中, 更新 sizeCtl 为扩容阈值 0.75 * n (n 为 table 的容量)。

table 初始容量和扩容阈值的计算方法如下:

1) table 初始容量: table 初始化时, 如果 sizeCtl 等于 0, 初始化时使用默认容量 16; 如果 sizeCtl>0, table 初始化容量为 sizeCtl。

2) 扩容阈值: 当初始化结束后, sizeCtl 更新为 0.75 * n, 用作下一次扩容的阈值。n 是 table 的容量, table 容量为 2 的 n 次幂值, n>>>2 等同于 n/4, 所以 n - (n >>> 2) = 0.75 * n。

线程 Thread1 初始化完毕后, 执行 break 跳出 while 循环, 返回 table 数组。此后线程 Thread2 重新获取 CPU 执行权后, 会再次执行 while 循环判断条件, 条件表达式结果为 false, 线程 Thread2 跳出 while 循环, 返回 table 数组。

```java
private final Node<K,V>[]initTable() {
    Node<K,V>[] tab; int sc;
    //<1> 检测 table 是否初始化,如果还未初始化,进行初始化操作
    while ((tab = table) == null || tab.length == 0) {
                                                //自旋重试,初始化完毕退出
        //<2>初始化工作开始
        if ((sc = sizeCtl) < 0)       //<Case 2-1>:说明有其他线程正在进行初始化操作
            Thread.yield();           //前线程挂起让出 CPU
        //CAS 操作更新 sizeCtl 值为-1.CAS 成功,代表当前线程抢占了初始化工作.
        else if (U.compareAndSwapInt(this, SIZECTL, sc, -1)) {//<Case 2-2>:
            try {
                if ((tab = table) == null || tab.length == 0) {
                    int n = (sc > 0) ? sc : DEFAULT_CAPACITY;      //获取初始容量
                    @ SuppressWarnings("unchecked")
                    //使用初始容量,创建数组 nt
                    Node<K,V>[] nt = (Node<K,V>[])new Node<?,?>[n];
                    table = tab = nt;            //将新建数组 nt 赋值给 table
                    sc = n - (n >>> 2);          //sc = 0.75 * n
                }
            } finally {
                sizeCtl = sc;                    //设置 sizeCtl 为 0.75 * n,用作扩容的阈值
            }
            break;
        }
    }
    return tab;
}
```

tabAt(table, index): 获取 table 中索引位置 index 的最新值。tabAt 方法通过 Unsafe 的 getObjectVolatile 方法获取 table 中 index 索引位置的值, 等价于 table[i]。

Unsafe. getObjectVolatile 以 volatile 读的方式获取对象 obj 中内存偏移量 offerset 的最新值。

在 tabAt 内部，计算索引位置 i 在 table 中的内存偏移量，使用公式：(i << ASHIFT) + ABASE 获得，这里使用了左移代替了乘法。

ABASE：是一个常量，代表数组 Node[ ] 中第一个元素的偏移地址；

ASHIFT：是一个常量，代表数组 Node[ ] 中一个 Node 元素占用的字节数。Node 为引用类型，所以 Node 元素占用的字节数是 4 字节。即 ASHIFT 的值为 2 的 2 次幂值，所以 i * ASHIFT 与 i << ASHIFT 结果是相同的。

索引位置 i 的内存偏移量 offerset 计算公式：

$$offerset = ABASE + i * ASHIFT = ABASE + I << ASHIFT$$

为什么使用 getObjectVolatile 而不直接使用 table[i] 来获取元素呢？

虽然 table 数组本身就是 volatile 变量，但是 volatile 类型的数组只针对数组的引用具有 volatile 的可见性语义，而非它里面的元素，也就是如果使用 table[i] 来获取元素，有可能读取的值不是最新值。

出于安全性考虑，使用 getObjectVolatile 以 volatile 读的方式读取 table 中元素的值，volatile 关键字，可以保证可见性，这样就可以保证当前线程读取到的值都是当前的最新值。

```
static final <K,V> Node<K,V>tabAt(Node<K,V>[] tab, int i) {
    return (Node<K,V>)U.getObjectVolatile(tab, ((long)i << ASHIFT) + ABASE);
}
//以 volatile 读的方式获取对象 obj 中内存偏移位置 offerset 的最新值
public native ObjectgetObjectVolatile(Object obj, long offset);:
```

3. put 第二个阶段：插入数据

数据插入结束后，如果是替换旧值，会在本节开始的代码<2>处返回旧值并退出 putVal 方法。如果线程运行到本节开始的代码<3>处：addCount(1L, binCount)，说明本次操作是新增节点插入。执行 addCount(1L, binCount) 更新计数器，将计数器加 1。addCount 的我们稍后在获取元素个数：size 方法中分析。

putVal 方法的流程图如图 5-6 所示。

5. 2. 3　remove 方法：删除元素

ConcurrentHashMap 使用 remove 方法删除键值对。在 remove 方法内部事实上调用了私有的 replaceNode 方法删除节点。

```
//根据指定的 key 和 value,删除键值对 删除成功,返回 true;删除失败,返回 false
public boolean remove(Object key, Object value) {
    if (key == null)
        throw new NullPointerException();
    return value != null &&replaceNode(key, null, value) != null;
}
```

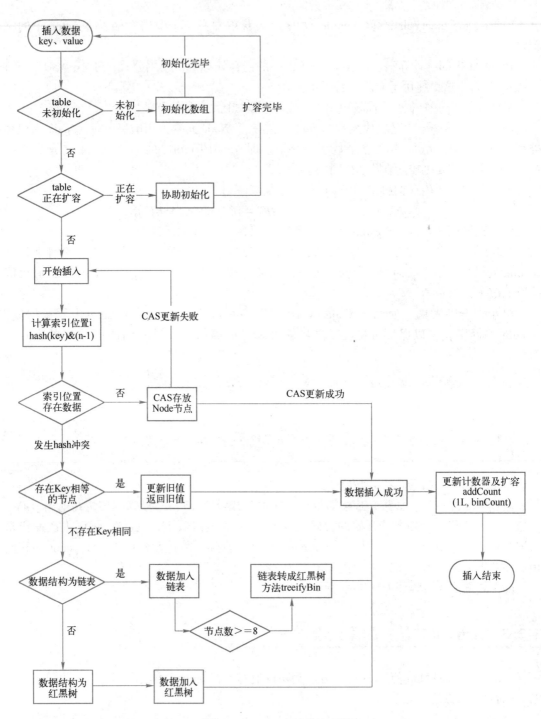

●图 5-6　putVal 方法的流程图

　　replaceNode 方法为四种方法提供了底层支持，除了上面的 2 种删除方法，还有 2 种替换方法。

```
//替换节点的值.将指定的 key 键值对的值替换成 value
public V replace(K key, V value) {
```

```
        if (key == null || value == null)
            throw new NullPointerException();
        return replaceNode(key, value, null);
}
```

//替换节点的值.如果 map 中指定 key 的键值对的值等于 oldValue,则将其值更新为 newValue,
否则什么也不做
//更新成功,返回 true;更新失败,返回 false

```
public boolean replace(K key, V oldValue, V newValue) {
        if (key == null || oldValue == null || newValue == null)
            throw new NullPointerException();
        return replaceNode(key, newValue, oldValue) != null;
}
```

replaceNode 实现这四种方法时,查找元素的主体逻辑是一样的,在查找到元素后,对元素的处理(删除或者替换)上有些差异。下面为了方便理解,使用 remove(Object key)分析 replaceNode 的使用。其他三种方法,读者可以自行带入分析。

remove(Object key)方法中,replaceNode 方法的主要逻辑是:首先根据 key 值查找匹配的键值对,如果存在匹配的键值对,将其从 table 中删除。最后,更新键值对计数,如果成功删除将计数减 1。

```
final VreplaceNode(Object key, V value, Object cv) {
        //计算 key 的 hash 值
        int hash = spread(key.hashCode());
        for (Node<K,V>[] tab = table;;) {              //<1> 自旋
            Node<K,V> f; int n, i, fh;
            if (tab == null || (n = tab.length) == 0 ||        //table 为空
                (f = tabAt(tab, i = (n - 1) & hash)) == null)  //table[i]无元素
                //<case 1>: table 为空或者 key 对应索引位置无元素
                break;
            else if ((fh = f.hash) == MOVED)                   //<case 2>: 正在扩容
                tab = helpTransfer(tab, f);                    //先帮助扩容
            else {//<case 3>
                V oldVal = null;
                boolean validated = false;//
                synchronized (f) {                             //对 table[i]加锁
                    if (tabAt(tab, i) == f) {                  //检验 table[i]是否被
修改,防止其他线程的写修改
                        //判断节点类型
                        if (fh >= 0) {                         //<Case 3-1> table
[i]是 Node 节点,表明是链表
                            validated = true;
                            for (Node<K,V> e = f, pred = null;;) {  //遍历链表,查找.
                                K ek;
```

```
                            if (e.hash == hash &&
                                ((ek = e.key) == key ||
                                 (ek != null && key.equals(ek)))) {      //key值
"相等"的Node

                                V ev = e.val;

                                //下面判断,在remove和replace四种方法中有差异
                                //在remove(key)方法,cv==null,value=null
                                if (cv == null || cv == ev ||
                                    (ev != null && cv.equals(ev))) {
                                    oldVal = ev;        //保存旧值
                                    if (value != null)
                                        e.val = value;
                                    else if (pred != null)     //当前节点e不是头
节点
                                        //更新e前驱节点的后继节点为e的后继,即删
除了e节点

                                        pred.next = e.next;
                                    else                 //e为头节点
                                        //更新table[i]为头节点的后继节点,将头节点
删除
                                        setTabAt(tab, i, e.next);
                                }
                                break;
                            }
                            pred = e;                    //保存前继节点
                            if ((e = e.next) == null)//比较下一个节点
                                break;
                        }
                    }
                    else if (f.instanceof TreeBin) {     //<case 3-2> table[i]是红
黑树

                        validated = true;
                        //强制类型转换
                        TreeBin<K,V> t = (TreeBin<K,V>)f;
                        TreeNode<K,V> r, p;
                        if ((r = t.root) != null &&     //红黑树根节点不为空
                            (p = r.findTreeNode(hash, key, null)) != null) {
//查到与key值"相等"的节点
                            V pv = p.val;
                            if (cv == null || cv == pv ||
                                (pv != null && cv.equals(pv))) {
```

```
                                    oldVal = pv;              //保存旧值
                                    if (value != null)
                                        p.val = value;
                                    else if (t.removeTreeNode(p))      //从红黑树中移
除节点
                                        setTabAt(tab, i, untreeify(t.first));
                            }
                        }
                    }
                }
            }
            //<2> 删除数据成功后,将计数减去 1
            if (validated) {
                if (oldVal != null) {
                    if (value == null)
                        //将计数减去 1
                        addCount(-1L, -1);
                    return oldVal;
                }
                break;
            }
        }
    }
    return null;
}
```

replaceNode 方法和添加元素的 putVal 方法主要逻辑很相似。replaceNode 方法删除数据,一共处理了三种情况:

1) table 是空的或者 table 对应索引位置 table[i] 的桶是空的。

这是最简单的情况,没有匹配的键值对,也就不需删除,直接返回 null。

2) table[i] 的桶是不空的,table[i] 发现 ForwardingNode 节点,此时 table 正在扩容。

线程运行到上述代码<Case 2>处,如果发现 ForwardingNode 节点,表明此时 table 正在进行扩容迁移数据,当前线程需要先尝试协助进行数据迁移。

table 扩容迁移完毕后,线程会重新回到代码<1>处,重新执行操作。

3) table[i] 的桶中节点为其他三种类型节点。

线程运行到上述代码<Case 3>处,说明 table[i] 的桶中节点为其他三种类型节点,ReservationNode、Node 和 TreeBin。其中 ReservationNode 节点为临时节点,不会存储键值对,直接返回 null。

所以只需考虑两种情况:table[i] 为链表或者红黑树。删除元素时,为防止并发冲突,需要对 table[i] 进行加锁操作。

首先对 table[i] 加同步锁,并检验 table[i] 是否被修改。如果 table[i] 没变,判断 table[i] 桶的类型是链表还是红黑树。

① 如果 table[i]桶类型为链表。在上述代码<Case 3-1>处，判断 table[i]节点的 hash 值，若 hash 值大于 0，说明节点类型为 Node 节点，桶的类型是链表。遍历查找链表是否存在与 key "相等"的节点，如果存在，保存旧值 oldVal 并将节点从链表中删除，跳出 for 循环；如果不存在与 key "相等"的节点，直接返回 null。

② 如果 table[i]桶的类型红黑树。在上述代码<Case 3-2>处，判断 table[i]是 TreeBin，说明桶的类型红黑树。从红黑树的根节点遍历查找与 key "相等"的节点，如果存在，保存旧值 oldVal 并将节点从红黑树中删除，跳出 for 循环；如果不存在与 key "相等"的节点，直接返回 null。

否则，如果 table[i]已被修改，说明有其他线程的写操作造成了 table[i]中数据的变化，这时线程回到代码<1>处，重新执行操作。

键值对删除完毕后，释放同步锁。线程执行到上述代码<2>处，通过 addCount(-1L, -1)更新 Map 键值对总数，将计数减 1。addCount 稍后在 size 方法中分析。

remove 方法的流程如图 5-7 所示。

5.2.4　get 方法：获取元素

使用 get 方法获取数据，根据传入的 key 查找对应的 value 值，如果没有找到返回 null。

get 方法逻辑比较简单，首先根据参数 key 的 hash 值计算 table 的索引位置，即 key 值对应的桶位置——table[i]。查找元素的情况，分为三种情况：

1）table[i]上节点的 key 和待查找 key 值 "相等"，说明 table[i]就是待查找的节点，直接返回节点 value。

2）table[i]上节点的 hash 值小于 0，说明 table[i]不是 Node 节点，为 TreeBin/ForwardingNode/ReservationNode 三种节点之一。这时可以通过对应节点的 find 方法查找匹配的节点，并返回节点的 value。

3）table[i] 上的节点是链表节点，则遍历链表查找匹配的节点，并返回节点中的 value。

如果没有找到，最后返回 null。

```java
public V get(Object key) {
    Node<K,V>[] tab; Node<K,V> e, p; int n, eh; K ek;
    //计算 key 的 hash 值
    int h = spread(key.hashCode());
    if ((tab = table) != null && (n = tab.length) > 0 &&      //table 已初始化
        (e = tabAt(tab, (n - 1) & h)) != null) {
        if ((eh = e.hash) == h) {      //<Case 1>:hash 值相等
            if ((ek = e.key) == key || (ek != null && key.equals(ek)))
                //table[i]就是待查找的节点,直接返回
                return e.val;
        }
        else if (eh < 0)//<Case 2>
            //table[i]节点 hash 值<0,说明遇到非链表节点,调用节点 find 方法查找元素
            return (p = e.find(h, key)) != null ? p.val : null;
```

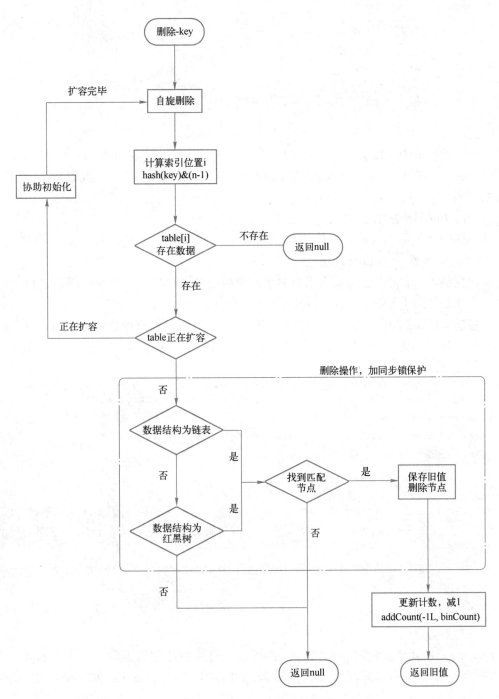

●图 5-7 remove 方法的流程图

```
//遍历链表,查找元素
while ((e = e.next) != null) {
    if (e.hash == h &&
```

```
                    ((ek = e.key) == key || (ek != null && key.equals(ek))))
                    return e.val;
            }
        }
        return null;
    }
```

在第二种情况中，提出了非 Node 节点的 find 查找方法，三种节点 TreeBin/Forwarding-Node/ReservationNode 都继承自 Node 节点，并重写了 find 方法。三个节点的 find 方法的实现有所不同。

1. TreeBin 节点的 find 方法

当 table[i] 上是 TreeBin 节点时，说明 table[i] 哈希桶的数据结构是一个红黑树，TreeBin 节点链接着一个红黑树。

红黑树插入、删除时，可能会引起整个红黑树的结构调整，所以对红黑树进行读写操作时，需要加锁防止多线程的并发冲突。

通过前面的 put 操作，我们知道 TreeNode 节点，是维持着两种数据结构的：双向链表和红黑树。TreeBin 相当于红黑树的代理节点，红黑树的查找、插入、删除操作都是通过TreeBin 进行的。

```
TreeNode<K,V> root;                    //root 指向红黑树结构的根节点
volatile TreeNode<K,V> first;          //first 指向双向链表结构的头节点
volatile Thread waiter;                //最近的一个等待写锁的线程
volatile int lockState;                //锁状态标识

//以下三个字段,是用于锁状态的常量
static final int WRITER = 1;           //二进制 001,写锁状态.设置或获取写锁时使用.
static final int WAITER = 2;           //二进制 010,等待写锁状态.设置或获取等待写锁状
态时使用.
//READER 二进制 100,读锁状态,读操作可以并发,每增加一个读线程,lockState 都会加上一个
READER 值.
static final int READER = 4;           //当设置写锁时,自增
```

（1）锁状态

ConcurrentHashMap 使用 put 方法向 table[i] 的红黑树添加数据时，会先对 table[i] 的TreeBin 节点加 synchronize 同步锁，然后调用 TreeBin 的 putTreeVal 方法向红黑树插入节点。

ConcurrentHashMap 使用 remove 方法从 table[i] 的红黑树移除数据时，会先对 table[i] 的 TreeBin 节点加 synchronize 同步锁，然后调用 TreeBin 的 removeTreeNode 方法移除节点。

这样通过使用 synchronize 同步锁，就保证了同时只会有一个写线程访问 TreeBin 节点。

TreeBin 对红黑树的读写操作采用了简易读写锁的方式，lockState 字段表示锁状态，初始状态为 000，表示锁空闲状态，如图 5-8 所示。

① 写锁状态：二进制的第低 1 位表示写锁状态，0 表示写锁空闲，1 表示写锁被占用，写锁同时只能被一个线程持有。比如 001 表示写锁被占用。

② 读锁状态：lockState 的二进制从右向左的第 3~31 位表示读锁状态。多个读线程可以并发进行读操作，读锁状态的值表示当前有多少个线程持有读锁。比如 1 00，表示有 1 个线程持有读锁；10 00，表示有 2 个线程持有读锁。

③ 等待写锁状态：lockState 二进制的第 2 低位，表示等待写锁状态，1 表示有线程正在等待写锁，0 表示无等待写锁的线程。waiter 字段表示正在等待写锁的线程。

当读锁被占用时，lockState = X00（X>1，表示有 X 个线程持有读锁）。这时如果有线程申请写锁，由于读锁被占用，当前线程不能获得写锁，CAS 设置 lockState = X10 并更新 waiter 为当前线程后，当前线程阻塞等待。

> **注意：**
>
> lockState 不会出现 011 的情况，因为前面说过 ConcurrentHashMap 在对 TreeBin 进行写操作时，使用了 synchronize 同步锁，所以同时只会有一个写线程访问 TreeBin 节点，所以关于有关写锁的状态位只会有两种情况：001 和 X10 且 waiter 不为 null。

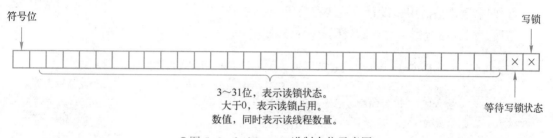

●图 5-8　lockState 二进制占位示意图

（2）TreeBin 读写锁机制

1）写锁-获取锁。首先，调用 lockRoot( ) 获取写锁，锁空闲时 lockState = 0 时，CAS 更新 lockState，CAS 成功使当前线程获得写锁，直接返回。CAS 成功后，lockState = 00000000 00000000 00000000 00000001。

否则，CAS 更新失败，首次获取写锁失败，执行完整策略 contendedLock 方法获取写锁。

```
private final voidlockRoot() {
        if (!U.compareAndSwapInt(this, LOCKSTATE, 0, WRITER))//CAS 将锁状态改为
写锁
        //首次尝试获取失败,执行 contendedLock 竞争写锁.
        contendedLock();
}
```

contendedLock 方法：获取写锁，可能会被阻塞。

这个方法的主要逻辑如下：

① 首先再次尝试获取写锁，如果获取成功，返回。

在本节开始代码<Case 1>处，if 中条件 ((s = lockState) & ~WAITER) = = 0

~WAITER = 11111111 11111111 11111111 11111101

当 lockState& ~ WAITER = = 0 满足时，有两种情况：

lockState = 00000000 00000000 00000000 00000000，这是最简单的情况，CAS 获取写锁成功，直接返回。或者 lockState = 00000000 00000000 00000000 00000010 且当前线程为等待写锁的线程。这种情况发生在当前线程阻塞等待写锁被唤醒后，CAS 操作获取写锁成功后，将 waiter 清空后直接返回。

```
if (((s = lockState) & ~WAITER) == 0) {   //如果锁空闲
    if (U.compareAndSwapInt(this, LOCKSTATE, s, WRITER)) {//CAS 尝试获取写锁,成功
        if (waiting)     //当前线程就是 WAITER 线程,获取写锁后,清空 WAITER
            waiter = null;
        return;
    }
}
```

② 如果读锁被占用，设置当前线程为等待状态。

这时，线程运行到本节开始代码<Case 2>处。

```
else if ((s & WAITER) == 0) {//无其他线程等待写锁.当前线程开始自旋等待写锁
    if (U.compareAndSwapInt(this, LOCKSTATE, s, s |WAITER)) {//CAS 设置锁为等待中
        //CAS 成功,设置当前线程为等待线程
        waiting = true;
        waiter = Thread.currentThread();
    }
}
```

在 if 条件中 (s & WAITER) = = 0

常量 WAITER 的二进制位为 00000000 00000000 00000000 00000010

当 lockState&WAITER = = 0 满足时，只会出现一种情况：读锁被占用，lockState 这时情形如下：

lockState = 0xxxxxxx xxxxxxxx xxxxxxxx xxxxxxxx00，其中 x 为 0 或者 1，至少有一个 x 为 1。因为写线程是互斥进入 TreeBin 的，只会有一个写线程进入 TreeBin，当前线程为写线程，所以 lockState 的写锁状态不会为 1。

当前线程需要等待读锁释放，CAS 设置 lockState 等待写锁状态为 1 并设置当前线程为等待写锁的线程。CAS 成功后，lockState = 0xxxxxxx xxxxxxxx xxxxxxxx xxxxxxxx10，waiter 为当前线程。

这时设置临时变量 waiting 标识为 true。当前线程接着执行，运行到下述代码<Case 3>处。

③ 运行到本节代码<Case 3>处时，当前线程会被阻塞，等待其他线程释放读锁后唤醒。唤醒流程参考读锁释放。

读锁被完全释放后，lockState = 00000000 00000000 00000000 00000010，最后一个释放读锁的线程会唤醒当前线程。

当前线程被唤醒后会接着运行到下述代码<Case 1>处，CAS 操作获取写锁成功后，将 WAITER 清空后直接返回。

```
private final voidcontendedLock() {
    boolean waiting = false;
    for (int s;;) {
        //<1> 首先再次尝试获取写锁,如果获取成功,返回
        if (((s = lockState) & ~WAITER) == 0) {              //<Case 1>
            if (U.compareAndSwapInt(this, LOCKSTATE, s, WRITER)) {    //CAS 尝试获
取写锁,成功
                if (waiting)                                 //当前线程就是 WAITER
线程,获取写锁后,清空 WAITER
                    waiter = null;
                return;
            }
        }
        //读锁被占用,当前线程需等待
        else if ((s & WAITER) == 0) {                        //<Case 2>
            if (U.compareAndSwapInt(this, LOCKSTATE, s, s |WAITER)) {    //CAS 设
置锁为等待中
                //CAS 成功,设置当前线程为等待线程
                waiting = true;
                waiter = Thread.currentThread();
            }
        }
        //当前线程需要被阻塞.等待其他线程释放锁时,将当前线程唤醒
        else if (waiting) //<Case 3>
            LockSupport.park(this);
    }
}
```

写锁获取锁的流程如图 5-9 所示。

2）写锁-释放锁。线程释放写锁代码很简单，直接调用 unlockRoot 方法设置 lockState = 0 即可。

线程持有写锁时，lockState = 00000000 00000000 00000000 00000001。因为线程释放写锁是单线程操作，所以不需要 CAS。lockState 为 volatile 变量，lockState 修改后对其他线程立即可见。

```
private final voidunlockRoot() {
        lockState = 0;
}
```

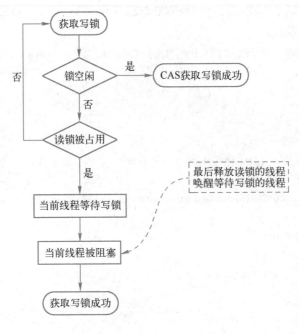

●图 5-9　写锁获取锁的流程图

3）读锁-获取锁。线程的读操作只有一个入口 find 方法，所以读锁的获取和释放没有专门的方法，这两个操作都在 find 中可以找到。

在写锁被占用时，有其他线程正在对红黑树进行修改操作，红黑树的结构随时可能发生变化。这时如果有读线程查询数据，读线程需要等待写操作完毕后再进行读操作吗？还记得前面提到红黑树还维护着一个双向链表的结构吗？这时读线程不会一直等，而是转而使用链表查询，链表查询虽然慢，但是总比一直等着强。所以写锁被占用时，不会使用锁机制。

所以只有当写锁空闲时，读线程才会获取读锁，避免同时有写线程对红黑树进行修改操作。

在 find 方法中，获取读锁很简单，代码如下。CAS 更新读锁状态，将读线程计数加 1。

```
U.compareAndSwapInt(this, LOCKSTATE, s, s + READER)
```

4）读锁-释放锁。在 find 方法中，获取释放读锁很简单，代码如下。CAS 更新读锁状态，将读线程计数加 1。

```
U.getAndAddInt(this, LOCKSTATE, -READER)
```

在当前线程释放读锁后，如果当前线程是最后一个读线程，需要检查是否存在等待写锁的线程，如果存在，需要将该线程唤醒。

读锁释放锁的流程如图 5-10 所示。

下面结合 find 方法，分析下读锁的使用。

当读线程调用 find 方法进行查找操作时，如果写锁未被占用时，说明当前没线程对红黑树进行写操作，此时会优先使用红黑树结构进行查找。如果写锁被占用，表明有其他线

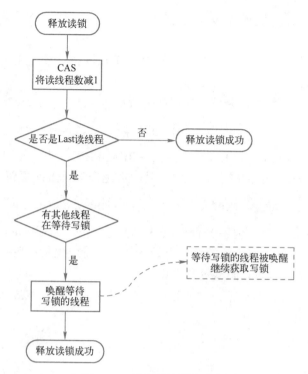

●图 5-10　读锁释放锁的流程图

程正在对红黑树进行修改操作，这时读线程不会被阻塞，而是转而使用链表结构，遍历链表以线性方式进行查找。

find 方法代码的代码实现，步骤如下：

① 写锁被占用时，使用遍历链表进行查找

在下述代码<Case 1>处，lockState&（WAITER | WRITER）结果大于 0，说明写锁被占用。

WAITER |WRITER = 010 |001 = 00000000 00000000 00000000 00000011

lockState&011 的结果不等于 0，说明 lockState 的二进制第 1~2 位至少有 1 位等于 1。这时说明正在有其他线程正在对红黑树进行写操作或者正在等待写锁，不能使用红黑树结构查找。这时使用链表，遍历链表搜索与 key 相等的节点。

lockState&011 结果等于 0，说明 lockState 的二进制第 1~2 位全部为 0。此时 lockState 有以下特征：

lockState = 0xxxxxxx xxxxxxxx xxxxxxxx xxxxxxxx00，其中 x 为 0 或者 1，代表写锁空闲。当前线程会接着运行在下述代码<Case 2>处。

② 获取读锁，使用红黑树进行查找。

下述代码<Case 2>处，首先获取读锁，CAS 更新读锁状态，将读锁中读线程数加 1。CAS 成功，调用红黑树根节点的 findTreeNode 从根节点开始搜索查找。CAS 失败，说明锁状态有修改，需自旋重试。

释放读锁，唤醒等待写锁的线程。

红黑树查找结束后，最后需要释放读锁，CAS 更新锁状态，将读锁中读线程数减 1。

如果当前线程是最后一个读线程，且有写线程正在等待写锁，当需要唤醒写线程，通知它可以继续获取写锁了。

判断是否是最后一个线程的条件，代码如下所示。

```
U.getAndAddInt(this, LOCKSTATE, -READER) == (READER |WAITER)
```

Unsafe 的 getAndAddInt(this, LOCKSTATE, -READER) 方法，使用 CAS 原子操作更新 lockState，将当前 lockState 的值减去 READER 后，并返回 lockState 更新前的值。

```
READER |WAITER = 100 |010 = 00000000 00000000 00000000 00000110
```

满足上面代码的条件时，说明当前线程未释放读锁前，lockState = 00000000 00000000 00000000 00000110。说明持有读锁的线程总数为 1，当前线程是最后一个读线程。等待写锁状态为 1，表示有写线程正在阻塞等在写锁。

```
//h:key 的 hash 值;k:需要查找的 key
final Node<K,V> find(int h, Object k) {
    if (k != null) {                                            //查找的 key

        for (Node<K,V> e = first; e != null; ) {
            int s; K ek;

            if (((s = lockState) & (WAITER |WRITER)) != 0) {    //<Case 1>:写锁被占
用,链表搜索
                if (e.hash == h &&
                    ((ek = e.key) == k || (ek != null && k.equals(ek))))  //key 相同
                    return e;                                   //找到匹配的节点,返回
                e = e.next;
            }
            //写锁空闲,获取读锁,将读线程计数+1
            else if (U.compareAndSwapInt(this, LOCKSTATE, s,
                                s + READER)) {     //<Case 2>:获取读锁
                TreeNode<K,V> r, p;
                try{
                    p = ((r = root) == null ? null :
                        r.findTreeNode(h, k, null));         //搜索红黑树
                } finally {                                  //释放读锁,将读线程计数-1
                    Thread w;
                    //唤醒正在等待写锁的线程
                    if (U.getAndAddInt(this, LOCKSTATE, -READER) ==
                        (READER |WAITER)                     //当前线程是最后一个读线程,
且有等待写锁线程
                        && (w = waiter) != null)
```

```
                        LockSupport.unpark(w);        //唤醒等待写锁的线程
                }
                return p;                              //返回红黑树搜索结果
            }
        }
    }
    return null;
}
```

2. ForwardingNode 节点的 find 方法

ForwardingNode 节点在 table 扩容迁移时才会出现在 table[i]上。

如果 table 数组 table[i]桶中全部的数据节点都迁移到了新 table 之后，会在原来的 table 数组 table[i]桶中放置一个 ForwardingNode 节点。所以当在 table[i]位置上发现 Forwarding-Node 节点，说明 table[i]桶中的数据已经全部转移到新 table 中了，数据查找需要在新 table 上进行。

在 ForwardingNode 中的 nextTable 字段，指向扩容后的新数组。

```
final Node<K,V>[]nextTable;              //指向新数组
```

find 方法会在扩容后的新的数组 nextTable 上进行查找匹配的节点，如果没有找到，返回 null。

1）如果 nextTable 为空或者 key 值对应索引位置的桶是空的，直接返回 null。

在下述代码<2>处，如果 nextTable 为空，直接返回 null；如果 nextTable 不为空，使用公式（nextTable. length − 1）& hahs（key）计算 key 在新数组的索引位置，若该索引位置桶是空的，直接返回 null。为方便说明，将索引位置记为 i。

2）如果 nextTable[i]有元素，则查找与 key 值相等的节点。可以发现，find 的代码逻辑和 ConcurrentHashMap 的 get 方法基本一致。

① nextTable[i]上节点的 key 和待查找 key 值"相等"，说明 nextTable[i]就是待查找的节点，直接返回该节点。

② nextTable[i]上节点的 hash 值小于 0，说明 nextTable[i]不是 Node 节点，为 TreeBin/ForwardingNode/ReservationNode 三种节点之一。这时可以通过节点的 find 方法查找匹配的节点，并返回节点的 value。

需要注意的是，如果节点类型是 ForwardingNode 时，并没有直接使用它的 find 方法来查找，而是将搜索的 table 数组 tab 换成该节点的 nextTable，代码跳转到下述代码<1>外层循环处，重新在新的 nextTable 上查找数据。这样做是为了防止出现深度递归，深度递归可能引发栈溢出错误 Java. lang. StackOverflowError。

③ nextTable[i]上的节点的 hash 大于 0，说明节点是链表节点，则遍历链表查找匹配的节点。

```
//在新的数组 nextTable 上进行查找
Node<K,V> find(int h,Object k) {
    //外层循环,避免 ForwardingNode 上发生任意深度递归
```

```
outer: for (Node<K,V>[] tab = nextTable;;) {                    //<1> 外层循环
    Node<K,V> e; int n;                                         //e 为索引位置节点

    //<2> nextTable 为空或者 key 对应索引位置桶是空的,直接返回 null
    if (k == null || tab == null || (n = tab.length) == 0 ||    //nextTable 是空的
        (e = tabAt(tab, (n - 1) & h)) == null)                  //对应索引位置没有元素
        return null;


    for (;;) {                                                  //内层循环
        int eh; K ek;
        if ((eh = e.hash) == h &&
            ((ek = e.key) == k || (ek != null && k.equals(ek))))    //key 相等,
找到数据
            return e;
        if (eh < 0) {                    //索引位置节点 hash 小于 0,使用节点的 find 方法查找
            //注意:ForwardingNode 没有使用 find 方法,是为了避免出现深度递归
            if (e instanceof ForwardingNode) {
                tab = ((ForwardingNode<K,V>)e).nextTable;
                continue outer;
            }
            else
                return e.find(h, k);                //调用对应节点的 find 方法
(TreeBin/ReservationNode).
        }
        if ((e = e.next) == null)                    //比较链表下一个节点
            return null;
    }
}
```

3. ReservationNode 节点的 find 方法

ReservationNode 是保留节点，ConcurrentHashMap 在调用 computeIfAbsent 和 compute 这两个方法时，加锁时会使用 ReservationNode 节点被用于充当占位符。

当发现 ReservationNode 节点时，说明该索引位置的桶中没有存放任何键值对数据。所以 ReservationNode 的 find 方法最简单，直接返回 null。

```
static final classReservationNode<K,V> extends Node<K,V> {
    ReservationNode() {
        super(RESERVED, null, null, null);
    }

    Node<K,V> find(int h, Object k) {
```

```
        return null;
    }
}
```

可以看到，所以通过 get( )方法获取的元素时没有使用同步锁，所以 get 方法是弱一致性的，读线程有可能无法立即观察到其他写线程的修改，因此可能导致读到已经删除的数据或者无法实时读取到添加的数据。

5.2.5　获取元素个数：size 方法

ConcurrentHashMap 调用 size 方法，获取数据总数。可以看到，在 size 方法的内部调用 sumCount( )方法。

```
//获取 map 的键值对总数
public int size() {
    long n =sumCount();
    return ((n < 0L) ? 0 :
            (n > (long)Integer.MAX_VALUE) ? Integer.MAX_VALUE :
            (int)n);
}
//计算 map 中键值对总数
final longsumCount() {
CounterCell[] as = counterCells; CounterCell a;
    long sum =baseCount;                       //sum 初始值为 baseCount
    if (as != null) {
        for (int i = 0; i < as.length; ++i) {   //遍历并累加 counterCells 中所有数量
            if ((a = as[i]) != null)
                sum += a.value;
        }
    }
    return sum;
}
```

在 sumCount 中，键值对总数是通过下面公式计算：

$$baseCount + \sum_{i=0}^{n} counterCells[i]$$

ConcurrentHashMap 键值对计数时使用了分段锁的思路，计数相关的字段为：baseCount 和 counterCells 数组。

当无并发冲突时，直接使用 baseCount 计数，所有的计数都会记录在该变量上；当有并发冲突时，计算每个线程对应的索引位置，计数会被更新到 counterCells 数组对应位置。

baseCount 字段为计数基值，属于 long 类型的 volatile 变量，当没有并发冲突时，更新计数时会累加到变量 baseCount 上。

counterCells 数组为计数数组，属于 CounterCell 类型的 volatile 数组，当有并发冲突时，更新计数时会累加到 counterCells 数组中。CounterCell 类比较简单，只有一个 value 字段，用于保存计数信息。

```
//计数基值,当线程无并发冲突时,计数将加到该变量上
private transient volatile long baseCount;

//计数数组
private transient volatile CounterCell[] counterCells;
//counterCells 初始化时或者扩容时使用,用于 CAS 操作
private transient volatile int cellsBusy;
//计数类
static final class CounterCell {
    volatile long value;              //volatile 类型,保证可见性
    CounterCell(long x) { value = x; }
}
```

在之前 put 和 remove 方法中，键值对插入或删除成功后，都需要使用 addCount 方法更新键值对计数。下面来看 addCount 的实现。

addCount 方法的主要实现逻辑是：首先更新计数，然后判断是否需要扩容。扩容逻辑后统一分析，来看下更新计数的具体实现。

以 put 中增加计数为例，addCount（1,binCount）更新计数代码逻辑如下：

1）如果之前没有发生过并发冲突，将计数信息累加到 baseCount。

在代码 counterCells=null 说明之前一直没有出现过并发冲突，CAS 操作将计数信息累加到 baseCount，baseCount 加 1。CAS 成功，计数成功，线程会运行到下述代码<2>处，进行扩容判断。CAS 失败或者 counterCells! = null 说明出现过并发冲突，则将使用数组 counterCells 更新计数。

2）如果发生过并发冲突，计数累加到 counterCells 中。

① 如果 counterCells 未初始化，都会进入 fullAddCount 方法更新计数信息。

② 否则，counterCells! = null。说明 counterCells 已初始化，首先计算索引值，counterCells 的长度 length 也一直保持为 2 的次幂值，所以同样使用位运算计算索引值。根据当前线程 hash 值计算 counterCells 索引值 a：ThreadLocalRandom. getProbe（）& length。

CAS 更新 counterCells[a]中的值，CAS 成功，计数成功，线程会运行到下述代码<2>处，进行扩容判断。

若 CAS 更新失败，说明 counterCells[a] 索引位置出现了并发冲突，则调用完整策略方法——fullAddCount 更新计数信息。

当 CAS 更新 counterCells[a]计数失败或者 counterCells 未初始化，都会进入 fullAddCount 方法更新计数信息。fullAddCount 方法的主要逻辑和 LongAdder 中 longAccumulate 几乎完全一样，这里不再赘述。

```
private final voidaddCount(long x, int check) {
    CounterCell[] as; long b, s;
```

```
//更新计数信息,无并发冲突,更新 baseCount
  if ((as = counterCells) != null ||
    !U.compareAndSwapLong(this, BASECOUNT, b = baseCount, s = b + x)
 ) {//<1>有并发冲突,更新 counterCells
    CounterCell a; long v; int m;
    boolean uncontended = true;
   if (as == null                      //counterCells 未初始化
        || (m = as.length - 1) < 0      //counterCells 长度为 0
        || (a = as[ThreadLocalRandom.getProbe() & m]) == null ||
                                                //计算索引值
      !(uncontended =
        U.compareAndSwapLong(a, CELLVALUE, v = a.value, v + x))
                                                //CAS 更新
    ) {//counterCells 未初始化或者 CAS 更新失败,执行 fullAddCount
      fullAddCount(x, uncontended);
      return;
    }
    if (check <= 1)
      return;
    s = sumCount();
  }


//<2>检查是否需要扩容,插入元素在 putVal 方法调用时,总是要检查的
  if (check >= 0) {                         //检测是否扩容
    Node<K,V>[] tab, nt; int n, sc;
    while (s >= (long)(sc = sizeCtl) && (tab = table) != null &&
        (n = tab.length) < MAXIMUM_CAPACITY) {
      int rs = resizeStamp(n);
      if (sc < 0) {
        if ((sc >>> RESIZE_STAMP_SHIFT) != rs || sc == rs + 1 ||
          sc == rs + MAX_RESIZERS || (nt = nextTable) == null ||
          transferIndex <= 0)
          break;
        if (U.compareAndSwapInt(this, SIZECTL, sc, sc + 1))
          transfer(tab, nt);                //扩容
      }
      else if (U.compareAndSwapInt(this, SIZECTL, sc,
                      (rs << RESIZE_STAMP_SHIFT) + 2))
          transfer(tab, null);
      s = sumCount();
    }
  }
}
```

值得注意的是，无论是在 put 还是在 remove 中都是在同步锁释放后，才调用 addCount 方法，所以通过 size() 方法获取的键值对总和可能是已经过时的数据，非"实时"准确的值。在使用时一定要注意，ConcurrentHashMap 通过 size 获取的结果实际上只是一个估值，并不是一个精确值。这看起来确实令人不安，但是在高并发场景下，size 的用途也很小，因为键值对的总数是一直在变化的。所以像 size 和 isEmpty 这些方法，就被弱化了，这样就可以通过减小同步锁的粒度，从而使 put 和 get 等更重要方法获得更高的并发性能。

5.2.6 扩容与数据迁移

前面介绍中还有一个遗留问题，那就是 ConcurrentHashMap 的扩容及数据迁移。在 JDK1.8 中，扩容与数据迁移是 ConcurrentHashMap 中最复杂的部分。

1. 扩容原理

ConcurrentHashMap 扩容的操作包含两个步骤：首先是数组扩容，新建一个 2 倍于原来容量的新数组 newTable，这一步需保证只能由一个线程完成。然后进行数据迁移，把旧数组 table 中的所有元素重新计算桶的位置后再转移到新数组中。

那如何计算元素在新数组中映射桶的位置呢？

数据迁移的会涉及元素索引位置的变化，索引位置的计算公式是 (table.length − 1) & hash(key)，key 对应数组的索引位置是与数组大小有关。数组的长度变化了，key 映射到桶位置一般也会变化。

ConcurrentHashMap 扩容时并不会重新计算每个 key 的索引位置，它利用了扩容前后 table 数组始终是 2 的次幂值这一特性，十分巧妙地将旧数组桶中元素迁移到新的数组中。

table 数组长度是 2 的 n 次幂值，key 通过公式 (table.length − 1) & hash(key) 计算出的索引位置 i，当 table 扩容后，新数组 newTable 的长度是 2 的 n+1 次幂值，key 在 newTable 中索引值要么是原来的 i，要么是 i+table.length。

假设 table 的容量值 length 为 16，二进制值为 10000。扩容后容量 newLength = 32，二进制值为 100000。

扩容前，计算索引值 index = hash&1111，index 的值等于 hash 的低 4 位。

扩容后，计算新索引值 newIndex = hash&11111，newIndex 的值等于 hash 的低 5 位。

也就是说扩容后，newIndex 和 index 是否相等取决于 hash 的第 5 位，如果第 5 位为 0，则新的数组索引和原索引相同；如果第 5 位为 1，则新的数组索引和原索引不同。

所以现在要解决的问题就变为如何检测 hash 第 5 位是 0 还是 1。

因为 table 原容量 length 二进制值为 10000，刚好第 5 位为 1，其余位都为 0。因此 hash & length 做与运算，hash 第 5 位为 0 时，结果为 0，hash 第 5 位为 1 时，结果为 1。

所以可以得出以下结论，若 table 数组长度是 2 的 n 次幂值，若现在 key 键在 table 数组的索引位置为 i，当 table 被 2 倍扩容后，key 键在新数组的索引位置具有以下特点：

1）如果 key 的 hash 值（hash & table. length＝＝0），说明 hash 二进制的从右向左的第 n 个 bit 位为 0，迁移后 key 在新数组中索引值不变，仍为 i。

2）如果 key 的 hash 值（hash & table. length>0），说明 hash 二进制的从右向左的第 n 个 bit 位为 1，迁移后 key 在新数组中索引值为 i+table. length 。

从另一方面来说，如果两个不同的键值 key1 和 key2 如果在 table 中索引位置不相同，这两个键值映射到新数组的索引位置也必然不相同。所以 table 中每个桶节点的迁移不会相互影响，利用这个特性在数据迁移时，可以多线程并发迁移不同桶的元素。我们就可以用"分段"的方式，将整个 table 数组的桶按段划分，每一段包含一定索引区间的桶，将不同的段分给不同的线程，每个线程都只负责迁移自己区间中的桶。

ConcurrentHashMap 内部的 table 数组的初始容量必须是 2 的幂次值，一个原因是可以使用位运算高效的计算索引值，让 key 均匀分布，减少 hash 冲突；另一个原因就是扩容迁移的便捷及高效，可以实现多线程并发协作完成数据迁移。

2. 扩容的时间

ConcurrentHashMap 什么时候会发生扩容呢？

前面有讲到，在向 ConcurrentHashMap 中插入元素时，有两个地方涉及扩容操作。

1）链表中插入节点，如果链表的节点数目超过阈值（链表节点数目>＝8），会触发 treeifyBin 方法链表转换为红黑树。

前面分析过，当发现链表节点数目>＝8 时，treeifyBin 方法中并非立即进行红黑树转化，当内部的 table 数组长度太小时（table 数组长度小于 64），会优先选择调用 tryPresize 将数组扩容至 2 倍。这样做的原因是为了避免不必要的红黑树转换，当 table 初始容量比较小（16 或者 32）时，红黑树转化有可能不起作用，即在红黑树转换完毕后紧接着又执行扩容操作。

```
//在链表转换红黑树之前,需进行一次判断
//只有键值对数量大于等于 MIN_TREEIFY_CAPACITY,才会将链表转换为红黑树
static final int MIN_TREEIFY_CAPACITY = 64;

private final voidtreeifyBin(Node<K,V>[] tab, int index) {
    Node<K,V> b; int n, sc;
    if (tab != null) {
        if ((n = tab.length) < MIN_TREEIFY_CAPACITY) //数组长度小于64,选择扩容
            tryPresize(n << 1);                       //扩容
        //else if  链表转换为红黑树
    }
}
```

2）插入节点完毕后，调用 addCount(1L, binCount)更新 Map 的元素计数，并进行扩容判断。

若 Map 中元素总数超过阈值（map 元素总数>＝0. 75 * table 容量），触发扩容。

这里的 binCount>＝1，当节点入桶类型是链表时 binCount＝链表长度；入桶类型是红黑树时 binCount＝2。

3. 扩容源码分析

tryPresize 和 addCount 的扩容处理部分是完全一样的，以 addCount 为例，来分析扩容操作。

当 Map 中节点数据超过扩容阈值 sizeCtl 时，会触发扩容操作。在 initTable 方法中介绍过，当 table 初始结束后，sizeCtl 被更新为 0.75n，n 是 table 的容量，用作扩容的阈值。

与扩容有关的字段有：

```
//扩容时,原始数组
transient volatile Node<K,V>[] table;

//扩容时,扩容2倍后的数组nextTable只有在扩容时才非空,扩容完成后会被清空
transient volatile Node<K,V>[] nextTable;

//可同时进行扩容操作的最大线程数 .MAX_RESIZERS = (1 << 16)-1 = 11111111 11111111
=65535
//扩容时sizeCtl的低16位存储并发扩容的线程数,65535是16位二进制位能够存储的最大数值
static final int MAX_RESIZERS = (1 << (32 - RESIZE_STAMP_BITS)) - 1;

//扩容时,扩容戳二进制占位数量为16用于生成扩容唯一标识:扩容戳
static int RESIZE_STAMP_BITS = 16;
//扩容时,扩容戳的移位量为16
static final int RESIZE_STAMP_SHIFT = 32 - RESIZE_STAMP_BITS;
```

每次扩容前，会使用 resizeStamp 方法以 table 的容量为种子生成一个唯一的扩容戳。

在扩容时，sizeCtl 用于表示扩容状态，高16位保存着扩容戳，低16位保存着并发扩容的线程总数。

这个设计非常精妙，理解起来有些难度，下面进行详细的分析。

使用 resizeStamp 方法生成一个与扩容相关的扩容戳。基于它的实现来进行分析。

```
static final intresizeStamp(int n) {
        return Integer.numberOfLeadingZeros(n) |(1 << (RESIZE_STAMP_BITS - 1));
}
```

Integer. numberOfLeadingZeros（n）方法的作用：返回 n 的二进制串从最左边算起连续的 "0" 的总数量。

1）2 的二机制数为 00000000 00000000 00000000 00000010。Integer. numberOfLeadingZeros(2) 返回的值为 30 =（31-1），二进制数为 00000000 00000000 00000000 00011110。

2）4 的二机制数为 00000000 00000000 00000000 00000100。Integer. numberOfLeadingZeros(4) 返回的值为 29 =（31-2），二进制数为 00000000 00000000 00000000 00011101。

同样回到 resizeStamp 方法，计算 resizeStamp。

```
1 << (RESIZESTAMPBITS - 1)=1<<15=00000000 00000000 10000000 00000000=32768
```

1）resizeStamp（2）= 1 << 16 | 30 = 00000000 00000000 10000000 00011110 = 32768 + 30=32798。

```
  00000000 00000000 10000000 00000000
| 00000000 00000000 00000000 00011110
= 00000000 00000000 10000000 00011110
```

2）resizeStamp（4）= 1 << 16 | 29 = 00000000 00000000 10000000 00011101 = 32768 + 29 = 32797。

```
  00000000 00000000 10000000 00000000
| 00000000 00000000 00000000 00011101
= 00000000 00000000 10000000 00011101
```

可以得出，resizeStamp（2 的 n 次幂）计算公式如下：

$$\text{resizeStamp}(2 \text{ 的 } n \text{ 次幂}) = 32768 + (31 - n) = 32799 - n$$

table 的容量始终保持在 2 的 n 次幂值，每扩容一次，扩容后的容量是原容量的 2 倍，容量是以 2 倍递增的。

根据计算公式，若 table 的容量是 2 的 n 次幂值。

table 第一次扩容时：resizeStamp（2 的 n 次幂）= 32799 - n;

table 第二次扩容时：Integer.numberOfLeadingZeros（2 的 n+1 次幂）= 32799 - (n+1)。

所以，resizeStamp 方法是以 table 的容量为种子生成扩容戳的，当容量不同时，resizeStamp 所得结果也不同，这样就可以保证每次新的扩容，都会有得到一个不同的扩容戳。

进一步，以最小容量 2（2 的 1 次幂值）和最大容量 30<<1（2 的 31 次幂值）举例说明：

1）当 n 为最小值 2 时：

```
resizeStamp(2) = 00000000 00000000 10000000 00011110
```

2）当 n 为最大值 30<<1，即 2 的 31 次幂值时：

```
resizeStamp(30<<1) = 00000000 00000000 10000000 00000001 (二进制)
```

可以看到，扩容戳的从右起第 16 位 bit 位始终为 1。

4. 扩容流程

接下来分析扩容流程。假设 table 的目前容量为 n = 16,

扩容戳 rs = 00000000 00000000 10000000 00011011。

1）当第一个线程进行扩容的时候，sizeCtl 大于 0，会执行下述代码，其中一项重要工作就是先初始化用于扩容的临时数组 nextTable（容量是 table 的 2 倍）。

```
U.compareAndSwapInt(this, SIZECTL, sc,(rs << RESIZESTAMPSHIFT) + 2)
rs << RESIZESTAMPSHIF,rs 左移 16 位变为 10000000 00011011 00000000 00000000,低 16
位变为了高 16 位.
```

然后再 +2，变为 10000000 00011011 00000000 00000000 + 10 = 10000000 00011011 0000000000000010。

这时，32 位最高位为 1，结果为负数。然后 CAS 将结果更新到变量 sizeCtl 中，在扩容时 sizeCtl 作为扩容状态使用，高 16 位存储扩容戳，低 16 位存储执行扩容的线程数量。低 16 位的初始值为 2，表示有 1 个线程在参与扩容。

为什么第一个线程尝试扩容时是+2，而不是+1 呢？

这是因为 rs << 16 +1 有其他含义，表示扩容结束。当第一个线程扩容结束后，会将 sizeCtl 减 1，即：rs << 16 +1。

CAS 成功后，当前线程 transfer 方法开始扩容。

CAS 失败，说明 sizeCtl 被其他线程修改，当前线程需要自旋重试。

2）当第二个线程参与扩容时，sizeCtl 小于 0，通过代码<Case 2-1>处的校验，线程会运行到代码<Case 2-2>处。

```
U.compareAndSwapInt(this, SIZECTL, sc, sc + 1)
sc + 1 = 10000000 00011011 00000000 00000010 + 1 = 10000000 00011011 00000000
00000011
```

将结果更新到 sizeCtl 中，高 16 位的扩容戳不变，低 16 位+1 = 3，表示当前有 2 个线程并发扩容。

CAS 成功后，当前线程执行 transfer 方法尝试帮助扩容。

若 CAS 失败，说明 sizeCtl 被其他线程修改，当前线程需要自旋重试。

3）代码<Case 2-1>的校验当前线程是否可以参与扩容，若当前线程不需要参与扩容，直接跳出 while 循环。

```
if ((sc >>> RESIZE_STAMP_SHIFT) != rs || sc == rs + 1 ||
sc == rs + MAX_RESIZERS || (nt = nextTable) == null ||
transferIndex <= 0)
break;
```

一共校验了 5 个条件，只要有其中一个条件为 true，就说明当前线程不能参与扩容，直接跳出循环。下面对每个条件进行分析。

① (sc >>> RESIZESTAMPSHIFT) != rs，说明 table 的容量发生了变化，扩容已经完毕。

将 sc>>16 为 sizeCtl 中存储的扩容戳与当前扩容戳（使用当前 table 容量生成）进行比较，如果相等，说明扩容戳相等，证明 table 的容量还没变，仍旧是 16。否则，说明 table 的容量已经发生了变化，ttable 的容量已经扩容成原来的 2 倍，扩容和数据迁移已经结束。

② sc == rs + 1，说明扩容结束。

通过了第一个条件，说明 table 的容量仍旧是 16，还未改变。

当第一个线程参与扩容时，设置 sc = rs<<16 + 2，若第一个线程结束扩容了，就会将 sc 减 1。这个时候，sc 就等于 rs<<16 + 1。

③ sc == rs + MAX_RESIZERS，扩容线程数量已经达到最大值。

这里和第二个条件存在相同问题，正确写法应该是：sc == rs << RESIZESTAMPSHIFT + MAX_RESIZERS。

```
//可同时进行扩容操作的最大线程数 65535,这是低 16 位能够保存的最大值.
//MAX_RESIZERS=1<<16-1=11111111 11111111=65535
static final int MAX_RESIZERS = (1 << (32 - RESIZE_STAMP_BITS)) - 1;
```

④ nt = nextTable ，说明 nextTable 还未初始化完毕，需等待初始化完毕后才能协助
迁移。

⑤ transferIndex <= 0 ，说明需要迁移的桶已经瓜分完毕。

transferIndex 的含义及作用参见后面 transfer 方法的分析。

transferIndex <= 0 时说明所有需要迁移的桶已经被正在参与迁移的线程瓜分完，没有
剩余的桶分配给当前线程。

```
private final voidaddCount(long x, int check) {
        //...... 此处省略前半部分更新计数代码
        long s = sumCount();                                //s 等于 map 中元素总数
        //检查是否需要扩容,在 put 方法调用时,肯定是要检查的.
        if (check >= 0) {
            Node<K,V>[] tab, nt; int n, sc;
            //<Case 1>扩容条件:map 中元素总数 s 大于等于扩容阈值 sizeCtl
            //满足扩容条件,开始进行扩容处理
            while (s >= (long)(sc = sizeCtl) && (tab = table) != null &&
                    (n = tab.length) < MAXIMUM_CAPACITY) {//这是一个自旋
                //每次循环时,使用 sc 暂存 sizeCtl

                //根据 table 的当前容量获取扩容戳.n 不同,rs 不同
                int rs = resizeStamp(n);
                if (sc < 0) {                //<Case 2>:sizeCtl 小于 0,代表 table 正在扩容

                    //<Case 2-1>检验当前线程是否可以参与扩容
                    if ((sc >>> RESIZE_STAMP_SHIFT) != rs || sc == rs + 1 ||
                            sc == rs + MAX_RESIZERS || (nt = nextTable) == null ||
                            transferIndex <= 0)
                        break;

                    //<Case 2-2>如果可以协助扩容,CAS 更新使 sizeCtl 加 1. 表示多了一个
线程协助扩容
                    if (U.compareAndSwapInt(this, SIZECTL, sc, sc + 1))
                        transfer(tab, nt);                //协助扩容
                }
                //<Case 1>:当前线程为第一个参与扩容的线程
                //sizeCtl 大于 0,代表还未开始扩容.CAS 成功后,sizeCtl 变成一个负数
                else if (U.compareAndSwapInt(this, SIZECTL, sc,
                        (rs << RESIZE_STAMP_SHIFT) + 2))
```

```
                    //更新 sizeCtl 为负数后,开始扩容
              transfer(tab, null);
              s = sumCount();
          }
       }
    }
```

从上面 addCout 扩容代码部分，可以看到 transfer 方法是扩容操作的核心方法。

transfer 方法可以被多个线程并发执行，它的作用是对 ConcurrentHashMap 内部的 table 数组扩容及数据转移。transfer 方法支持多线程并发，它没有采用直接加同步锁的方式进行数据迁移，而是通过使用 CAS 实现无锁的多线程并发协同迁移。

```
//参与扩容的线程每次最少要迁移 16 个 hash 桶
static final int MIN_TRANSFER_STRIDE = 16;

//table 迁移时,table 中下一个分配迁移任务的起始位置,transferIndex 从 table.length
开始
transient volatile int transferIndex;
```

transfer 方法的执行逻辑如下：

1）计算步长 stride。

stride：在数据迁移时，每个线程每次迁移负责 table 中多少个桶。

简单分析下 stride 的计算，代码如下：

```
if ((stride = (NCPU > 1) ? (n >>> 3) /NCPU : n) < MIN_TRANSFER_STRIDE)
        stride = MIN_TRANSFER_STRIDE; //subdivide range
```

其中，NCPU 为 CPU 核心数；n 为 table 的长度，n >>> 3 等同于 n/8。

这段代码的含义是通过 CPU 核心数和 table 数组的长度得到每个线程（CPU）要帮助处理的桶数 stride。stride 是一个平均值，具有以下特点：

① 在单 CPU 环境中，最多只会有一个线程参与扩容。

② stride 的最小值为 16，也就是说，当 table 数据长度小于等于 16 的时候，最多只会有一个线程参与扩容。

③ 在多核 CPU 环境中，同时参与扩容的线程最大值为 8 * NCPU。

2）初始化用于扩容的临时数组 nextTable：nextTable 是在原 table 数组的基础上扩容 2 倍。

从 addCount 可以看到，只有第一个线程负责创建新表 nextTab，通过 CAS 操作保证只有一个线程执行初始化 nextTable 的操作，在初始化完成之前，其他线程自旋等待。

```
if (nextTab == null) {
    try {
        //创建一个 2 倍于 table 大小的新表 nt
        @ SuppressWarnings("unchecked")
        Node<K,V>[] nt = (Node<K,V>[])new Node<?,?>[n << 1];
```

```
    nextTab = nt;              //nt 赋值给 nextTab
} catch (Throwable ex) {        //处理内存溢出(OOME)的情况
    sizeCtl = Integer.MAX_VALUE;
    return;
}
nextTable = nextTab;           //nextTable 初始化完毕.

//[transferIndex-stride, transferIndex-1]为线程迁移处理的索引区间
transferIndex = n;
}
```

nextTab 表初始化完毕后，设置 transferIndex 值为原始表 table 的长度。transferIndex 从 table.length 开始，每次分配完迁移任务后，transferIndex 会向前移动 stride 个索引。如图 5-11 所示。

假设 table 的长度为 64，transferIndex 的初始值是 64，步长 stride 为 16。线程 Thread1，申请分配迁移任务时，将 table 索引区间［transferIndex-stride，transferIndex-1］，即［48，63］分配给线程 Thread1。然后 transferIndex 会向前走 16 个索引位置，transferIndex 更新为 48，如图 5-11 所示。

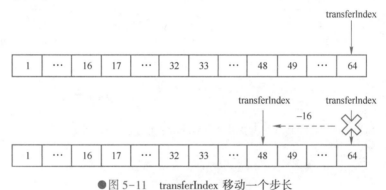

●图 5-11　transferIndex 移动一个步长

这时，如果其他线程如 Thread2 申请分配迁移任务时，将 table 索引区间［transferIndex-stride,transferIndex-1］，即把［32,47］分配给线程 Thread2。

依次类推，直至所有的桶区间分配完毕，这时，transferIndex=0。

3）多线程并发协同进行数据迁移。

将 table 数组以 stride 为一个单位进行拆分，每个单位包含 stride 个桶。table 索引按照从大向小的顺序，参与迁移的所有线程每次领走 1 个单位的迁移作业，线程完成这 1 个单位迁移任务后，会再领走 1 个单位的迁移作业，直至 table 中所有数据迁移完毕。迁移完毕的桶会被替换为一个 ForwardingNode 节点，相当于一个占位符，标记当前桶已经迁移完毕。

最后一个完成迁移任务的线程，最后需要检查整张表，确保所有桶都已经被替换为 ForwardingNode 节点。最后的检查操作为单线程操作，是线程安全的，不存在并发问题。在确认整张表都迁移完成之后，将 table 指向扩容后新表 nextTable，并将 nextTable 清空，sizeCtl 设置为 0.75 * n（n 为 table 容量），为下次扩容做准备，完整流程代码如下所示。

```
private final void transfer(Node<K,V>[] tab, Node<K,V>[]nextTab) {
    int n = tab.length, stride;              //n:table 的容量
     //<1> 计算步长
    if ((stride = (NCPU > 1) ? (n >>> 3) /NCPU : n) < MIN_TRANSFER_STRIDE)
        stride = MIN_TRANSFER_STRIDE;      //subdivide range

    //<2>初始化扩容后的新表
    //第一个扩容线程负责创建新表 nextTab
    if (nextTab == null) {
        try {
            //创建一个 2 倍于 table 大小的新表 nt
            @ SuppressWarnings("unchecked")
            Node<K,V>[] nt = (Node<K,V>[])new Node<?,?>[n << 1];
            nextTab = nt;//nt 赋值给 nextTab
        } catch (Throwable ex) {             //处理内存溢出 (OOME)的情况
            sizeCtl = Integer.MAX_VALUE;
            return;
        }
        nextTable = nextTab;                 //nextTable 初始化完毕

        //[transferIndex-stride, transferIndex-1]为线程迁移处理的索引区间
        transferIndex = n;
    }

    intnextn = nextTab.length;               //扩容后表的长度
    //fwd 相当于一个占位符,hash 值是固定值-1,当 table[i]桶中迁移完毕后,用 fwd 占据 ta-
ble[i]这个桶
    ForwardingNode<K,V> fwd = new ForwardingNode<K,V>(nextTab);

    //advance 变量:标识 table[i]位置的桶迁移工作是否完成
    //false:迁移未完成;true:迁移已完成.true 表示可以进行下一个位置 table[i-1]的
桶迁移
    boolean advance = true;

    //finishing 变量:标识 table 整表迁移是否已经完成
    //true:table 中所有的桶均已迁移完毕.false:未完成
    //最后一个完成迁移的线程将该值置为 true,并进行扩容的收尾工作
    boolean finishing = false;

    //<3> 数据迁移部分
    //线程每一轮迁移开始时,迁移处理的桶的索引区间 [transferIndex-stride, trans-
ferIndex-1]
    //通过 for 自旋迁移索引区间内每个桶.i 为桶索引,bound 为区间下界
```

```
for (int i = 0, bound = 0;;) {                      //自旋
    Node<K,V> f; int fh;

    //<3-1>每次自旋前预处理,主要作用是定位线程本轮处理的桶区间
    while (advance) {
        intnextIndex, nextBound;                    //默认值 0
        //--i 表示下一个待迁移的桶索引
        //如果它小于 bound 表示已经迁移完分配的桶区间
        //否则,说明本轮迁移未结束,需要迁移 table[--i]桶
        if (--i >= bound || finishing)
            //<Case 3-1-1>:本轮迁移未结束
            advance = false;
        else if ((nextIndex = transferIndex) <= 0) {
            //<Case 3-1-2>:所有桶区间已经瓜分完
            //transferIndex<=0,说明已没有可分配的桶区间
            i = -1;//i=-1,已经迁移完所有自己负责的区间
            advance = false;
        }
        //定位线程本轮迁移的桶区间[transferIndex-stride, transferIndex-1]=
        //CAS 修改 transferIndex=transferIndex-stride,准备下次分配
        else if (U.compareAndSwapInt
                    (this, TRANSFERINDEX,nextIndex,
                    nextBound = (nextIndex > stride ?
                                nextIndex - stride : 0))) {
            //<Case 3-1-3>:分配本轮迁移的桶区间
            bound =nextBound;                       //transferIndex-stride
            i =nextIndex - 1;                       //transferIndex-1
            advance = false;
        }
    }

    //<3-2>
    if (i < 0 ||i >= n ||i + n >=nextn) {
        //<Case 3-2-1>最后一个完成迁移工作的线程,需进行扫尾工作
        //i<0 说明所有桶区间已经被瓜分完毕且当前线程迁移完自己负责的区间

        int sc;                                     //sc 缓存 sizeCtl

        //finishing=true 时,代表所有桶均已完成迁移,迁移结束
        if (finishing) {                            //扫尾工作
            nextTable = null;                       //清空 nextTable
            table =nextTab;                         //更新 table 数组为扩容后数组
            sizeCtl = (n << 1) - (n >>> 1);         //更新下次扩容阈值(2n * 0.75)
```

```
            return;
        }

        //当前线程完成了自己的分配的迁移任务,CAS 扩容线程数减 1
        if (U.compareAndSwapInt(this, SIZECTL, sc = sizeCtl, sc - 1)) {

            //判断当前线程是否是最后一个完成迁移的线程,如果不是,则直接退出
            if ((sc - 2) !=resizeStamp(n) << RESIZE_STAMP_SHIFT)
                return;

            //当前线程是最后一个完成迁移的线程,设置迁移结束标识 finising 为 true
            finishing = advance = true;

            i = n;//最后一个线程,重新扫描整张表,确保所有桶都迁移完毕
        }
    }
    //如果线程执行到这里,说明 i>0,说明自己负责的区间内的桶还未迁移完毕
    else if ((f =tabAt(tab, i)) == null)
        //<Case 3-2-2>:  table[i]=null,不需迁移,直接放入 ForwardingNode 节点
        advance =casTabAt(tab, i, null, fwd);
    else if ((fh = f.hash) == MOVED)
        //<Case 3-2-3>:该桶节点为 ForwardingNode 节点,说明已经迁移完成,直接跳过
        advance = true;
    else {//<Case 3-2-3>::该桶未迁移完成,开始进行数据迁移
    synchronized (f) {//对桶加同步锁,保证同时只能有一个线程操作
        if (tabAt(tab, i) == f) {
            Node<K,V> ln, hn;
            if (fh >= 0) {//CASE4-1:table[i]桶的 hash>0,说明是链表迁移
                /*
                链表拆分成两个链表:ln 链和 hn 链
                ln 链会插入到新 table 的槽 i 中
                hn 链会插入到新 table 的槽 i+n 中
                */
                //由于 n 是 2 的幂次,所以 runBit 要么是 0,要么高位是 n.
                intrunBit = fh & n;
                Node<K,V>lastRun = f;//lastRun 指向最后一个相邻 runBit 不同的节点
                for (Node<K,V> p = f.next; p != null; p = p.next) {
                    int b = p.hash & n;
                    if (b !=runBit) {
                        runBit = b;
                        lastRun = p;
                    }
                }
```

```
            if (runBit == 0) {
                ln =lastRun;
                hn = null;
            }
            else {
                hn =lastRun;
                ln = null;
            }
            //以 lastRun 所指向的节点为分界,将链表拆成 2 个子链表 ln、hn
            for (Node<K,V> p = f; p !=lastRun; p = p.next) {
                int ph = p.hash; K pk = p.key; V pv = p.val;
                if ((ph & n) == 0)
                    ln = new Node<K,V>(ph, pk, pv, ln);
                else
                    hn = new Node<K,V>(ph, pk, pv, hn);
            }
            setTabAt(nextTab, i, ln);      //ln 链表存入新桶的索引 i 位置
            setTabAt(nextTab, i + n, hn);  //hn 链表存入新桶的索引 i+n 位置
            setTabAt(tab, i, fwd);         //设置 ForwardingNode 占位
            advance = true;                //表示当前旧桶的节点已迁移完毕
        }
        else if (finstanceof TreeBin) {  //CASE4-2:table[i]桶为红黑树
            /**
             *下面的过程会先以链表方式遍历,复制所有节点,然后根据高低位组装
成两个链表;
             *然后看下是否需要进行红黑树转换,最后放到新 table 对应的桶中
             */
            TreeBin<K,V> t = (TreeBin<K,V>)f;
            TreeNode<K,V> lo = null, loTail = null;
            TreeNode<K,V> hi = null, hiTail = null;
            int lc = 0, hc = 0;
            for (Node<K,V> e = t.first; e != null; e = e.next) {
                int h = e.hash;
                TreeNode<K,V> p = new TreeNode<K,V>
                    (h, e.key, e.val, null, null);
                if ((h & n) == 0) {
                    if ((p.prev =loTail) == null)
                        lo = p;
                    else
                        loTail.next = p;
                    loTail = p;
                    ++lc;
                }
```

```
                    else {
                        if ((p.prev =hiTail) == null)
                            hi = p;
                        else
                            hiTail.next = p;
                        hiTail = p;
                        ++hc;
                    }
                }
                //判断是否需要进行链表-->红黑树的转换
                //
                ln = (lc <= UNTREEIFY_THRESHOLD) ?untreeify(lo) :
                    (hc != 0) ? newTreeBin<K,V>(lo) : t;
                hn = (hc <= UNTREEIFY_THRESHOLD) ?untreeify(h链表-->i) :
                    (lc != 0) ? newTreeBin<K,V>(hi) : t;
                setTabAt(nextTab, i, ln);
                setTabAt(nextTab, i + n, hn);
                setTabAt(tab, i, fwd);    //设置 ForwardingNode 占位
                advance = true;           //表示当前旧桶的节点已迁移完毕
            }
        }
    }
  }
}
```

为了加深读者理解，下面以图示的方式演示扩容过程。假设原始 table 的容量为 32，新表为 nextTable 容量为 64，迁移步长 stride＝16，将 table 数组以 16 为一个单位进行拆分，每个单位包含 16 个桶，table 数组被平分为 2 个单位。有两个线程 Thread1 和 Thread2 参与扩容。按照从后向前的倒序顺序，每个线程领走 1 个单位的迁移作业。

1）Thread1 领走索引区间［16,31］桶的迁移作业，如图 5-11 所示。

2）Thread2 领走索引区间［0,15］桶的迁移作业，如图 5-12 所示。

●图 5-11　Thread1 领走［16,31］作业　　　●图 5-12　Thread2 领走［0,15］作业

Thread2 迁移自己负责区间［0,15］上数据，倒序从数组下标 15 开始依次迁移。

迁移的节点类型分为 3 种：null、Node、TreeBin。这三种节点迁移时处理方式是不同的。假设上图为区间［0,15］的数据结构，如图 5-13 所示。迁移处理步骤如下。

① 迁移位置 15，table［15］为 null，无节点数据，直接放入 fwd 节点（fwd 为 ForwardingNode 实例）。

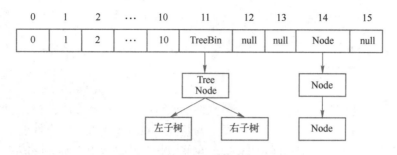

●图 5-13　[0,15]数据结构初始状态

② 迁移位置 14，table[14]节点类型为 Node，链表结构。

迁移链表中所有 Node 节点时，根据 hash&32 结果，将链表拆分成两个链表。

一个链表，hash&32==0，索引位置不变，仍然是 14。

一个链表，hash&32==32，索引位置变为 46（14+32）。

将两个链表按索引位置存入扩容后新表后，在 table[14]中放入 fwd 节点。

③ 迁移位置 13 和 12，直接放入 fwd 节点。

④ 迁移位置 11，table[11]节点类型为 TreeBin，hash=-1，红黑树结构。

迁移红黑树所有 TreeNode 节点时，根据 hash&32 结果，将链表拆分成两个双向 TreeNode 链表。

一个双向链表，hash&32==0，索引位置不变，仍然是 11。

一个双向链表，hash&32==32，索引位置变为 43（11+32）。

如果链表长度<=6 转换为普通 Node 链表，否则将链表转换为红黑树。按索引位置存入扩容后新表后，在 table[11]中放入 fwd 节点。

⑤ 按照以上逻辑，将剩余节点依次迁移入新表。迁移完毕后，table[0,15]的节点都变成了 fwd，如图 5-14 所示。

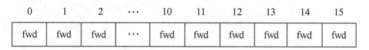

●图 5-14　Thread2 迁移完成状态

3）检查整张表，确保所有桶都迁移完成。

Thread1 将[16,31]迁移完毕，桶被 fwd 节点占位。Thread2 将[0,15]迁移完毕，桶被 fwd 节点占位。

Thread2 为最后一个完成迁移任务的线程，Thread2 需要检查整张表，确保所有桶都已经被替换为 ForwardingNode 节点，如图 5-15 所示。

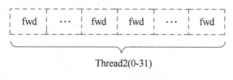

●图 5-15　迁移完毕状态

整张表迁移完后后，Thread2 将 table 引用指向新表 nextTable，nextTable 设置为 null。

5.3　本章小结

Hashtable 直接使用 synchronize 同步锁修饰 put、get、remove 方法，相比 Hashtable 等同步容器，ConcurrentHashMap 在保证线程安全的基础上兼具了更好的并发性能。

在 JDK 1.8 中，ConcurrentHashMap 虽然在修改操作中也使用 synchronize 同步锁，但是通过将桶作为锁粒度支持多线程并发写。在执行 put、remove 操作时，在没有 hash 冲突情况下，使用 CAS 实现无锁化修改；在有 hash 冲突的情况下，通过 synchronize 同步锁将对应桶锁定，然后再执行添加操作。

ConcurrentHashMap 中的 get、size 等读操作方法都没有使用锁，属于弱一致性，无法立即获取"实时"数据，有可能读取到过时的数据，所以在要求强一致性的场景中，ConcurrentHashMap 是适用的。

ConcurrentHashMap 底层使用 table 数组存储，由于内存中数组是一块连续的区域，所以 ConcurrentHashMap 不适合大数据量的存储，在数据量比较大时，table 扩容时很容易发生内存溢出。所以 ConcurrentHashMap 适合于存储数据量较小，读取操作频繁且不要求强一致性的高并发场景。

第 *6* 章

阻塞队列原理

　　阻塞队列（BlockingQueue）是一种提供了可阻塞插入和可阻塞移除元素的队列。在并发编程中，阻塞队列应用很广泛。可阻塞插入指的是当队列满时，线程向队列中插入元素将会被阻塞，直到队列有空闲位置可用。可阻塞移除指的是当队列为空时，线程从队列获取元素时将会被阻塞，直到队列中有新数据入队。

6.1　生产者-消费者模式

　　阻塞队列的使用场景一般是在"生产者-消费者"模式中，在该模式中"生产者"和"消费者"相互独立，两者之间的通信依靠阻塞队列完成。生产者将待处理的数据放入"队列"中，随后消费者从该"队列"中取出数据进行后续处理。"生产者-消费者"模式简化了开发流程，消除了"生产者"和"消费者"对代码实现的依赖，生产者只需将生成的数据放入队列中，而不需要知道由谁消费以及何时和如何消费，同样消费者也不需要知道数据是谁生产的，这样就实现了将"生产者"和"消费者"两者操作解耦。

　　在 JUC 中，线程池本质上就是一个"生产者-消费者"模式的实现，提交任务的线程是生产者，线程池中线程是消费者，在线程池中当提交的任务不能被立即执行的时候，线程池就会将提交的任务放到一个阻塞的任务队列中。我们可以根据业务场景的需求，选用相应类型的阻塞队列来构造不同功能的线程池。

6.2　阻塞队列实现原理

　　阻塞队列与普通队列的区别在于，阻塞队列提供了可阻塞的 put 和 take 方法。如果队列是空的，消费者使用 take 方法从队列中获取数据就会被阻塞，直到队列有数据可用；当队列是满的，生产者使用 put 方法向队列里添加数据就会被阻塞，直到队列中数据被消费有空闲位置可用。阻塞队列的使用示例，如图 6-1 所示。

●图 6-1　生产消费模式中的阻塞队列

JUC 提供了 7 种适合与不同应用场景的阻塞队列。

1）ArrayBlockingQueue：基于数组实现的有界阻塞队列。

2）LinkedBlockingQueue：基于链表实现的有界阻塞队列。

3）PriorityBlockingQueue：支持按优先级排序的无界阻塞队列。

4）DelayQueue：优先级队列实现的无界阻塞队列。

5）SynchronousQueue：不存储元素的阻塞队列。

6）LinkedTransferQueue：基于链表实现的无界阻塞队列。

7）LinkedBlockingDeque：基于链表实现的双向无界阻塞队列。

7 个阻塞队列全部实现了 BlockingQueue 接口，插入和移除元素分别各提供了 4 种处理方式。

插入操作：添加元素到队列中。

1）add(e)：当队列满的时候，继续插入元素会抛出 IllegalStateException("Queue full")异常。

2）offer(e)：当队列满的时候，继续插入元素不会阻塞，直接返回 false。如果插入成功则返回 true。

3）put(e)：当队列满的时候，继续插入元素线程会被一直阻塞直到队列有空闲位置可用时为止。

4）offer(e,time,unit)：当队列满的时候，调用该方法的线程会被阻塞一段时间，如果超过指定时间还未添加成功，线程直接退出。

移除操作：从队列中移除元素。

1）remove()：当队列为空时，调用该方法元素会抛出 NoSuchElementException 异常。

2）poll()：当队列为空时，调用该方法不会阻塞，直接返回 null。当队列不为空时，则从队列中取出一个元素。

3）take()：当队列为空时，调用该方法会被一直阻塞直到队列有数据可用时为止。

4）poll(time,unit)：当队列为空时，调用该方法的线程被阻塞一段时间，如果超过指定时间队列仍没有数据可用，直接返回 null。

当然，如果是向无界阻塞队列中插入元素，因为无界队列永远不可能会出现满的情况，所以使用 put 或 offerr(e,time,unit)方法永远不会被阻塞。

ArrayBlockingQueue 和 LinkedBlockingQueue 是最常用的阻塞队列，一般情况下，这两个类基本上能满足大部分的生产者和消费者场景的需要。下面对这两个队列进行解析。

6.3　ArrayBlockingQueue 源码解析

ArrayBlockingQueue 是一个基于数组实现的有界阻塞队列。此队列按照先进先出（FIFO）的原则对元素进行排序。

ArrayBlockingQueue 的类结构如图 6-2 所示。

可以看到，ArrayBlockingQueue 实现了 BlockingQueue 接口，继承自 AbstractQueue 类。ArrayBlockingQueue 提供了三个构造函数。

（1）默认构造函数

该函数实现代码如下所示。

```
publicArrayBlockingQueue(int capacity) {
        this(capacity, false);      //默认使用非公平锁策略
}
```

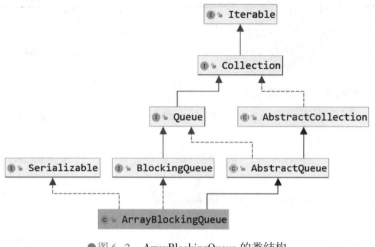

●图 6-2　ArrayBlockingQueue 的类结构

（2）指定初始容量及公平/非公平策略构造函数

```
publicArrayBlockingQueue(int capacity, boolean fair) {
    if (capacity <= 0)
        throw new IllegalArgumentException();
    this.items = new Object[capacity];       //初始化数组
    lock = new ReentrantLock(fair);          //初始化重入锁
    //实例化条件队列
    notEmpty = lock.newCondition();
    notFull =  lock.newCondition();
}
```

这个构造函数实现代码如上所示，它属于核心构造函数，按照指定的容量初始化 items 数组，队列的容量在构造时指定，一旦指定就不能修改。

该函数支持公平/非公平策略，在构造器中以指定的策略实例化 lock 全局锁，使用 ReentrantLock 独占锁保证同时只能有一个线程进行入队和出队的操作。fair＝true 为公平策略，表示所有线程严格按照请求的顺序添加或删除元素；fair＝true 为非公平策略，表示允许新申请线程"插队"，即新申请线程和被唤醒的线程，谁先抢占到锁，谁就能往队列中添加/删除元素。

此外还创建了两个 Condition 条件队列对象。当队列满时，申请插入元素的线程需要在 notFull 上等待；当队列空时，申请获取元素的线程会在 notEmpty 上等待。

（3）根据已有集合初始化队列的构造函数

集合 c 的长度不能大于 capacity，否则会抛出 IllegalArgumentException 异常。以集合 c 初始化队列时，使用了 lock 锁，这是为了保证数据的可见性，保证在构造器结束后，items、count 和 putIndex 的修改对所有线程可见。

```
publicArrayBlockingQueue(int capacity, boolean fair,
                        Collection<? extends E> c) {
    this(capacity, fair);
```

```
    final ReentrantLock lock = this.lock;
    lock.lock();                    //lock 只是为了实现 items,count,putIndex 的可见性
    try {
        int i = 0;
        try {
            //遍历集合 c,将 c 中元素存储到 item 数组中
            for (E e : c) {
                checkNotNull(e); //e 为 null,抛出异常 NullPointerException
                items[i++] = e;
            }
        } catch (ArrayIndexOutOfBoundsException ex) {
            //集合 c 的长度大于 capacity,抛出异常
            throw new IllegalArgumentException();
        }
        count = i;                          //更新队列元素总数
        putIndex = (i == capacity) ? 0 : i; //更细 put 索引
    } finally {
        lock.unlock();
    }
}
```

ArrayBlockingQueue 在构造时指定容量，后面不能被改变。ArrayBlockingQueue 是基于数组构建的，它的内部有一个数组 items，用于存储队列元素。ArrayBlockingQueue 主要属性有：

1）putIndex 字段，初始值 0，表示下一个入队元素的数组索引，takeIndex 为队头位置。

2）takeIndex 字段，初始值 0，表示下一个出队元素的数组索引，putIndex 为队尾位置。

3）count 字段，同于存储队列中当前元素个数。

4）lock 字段，全局 ReentrantLock 锁。使用 ReentrantLock 锁保证元素入队和出队操作的线程安全，保证同时只能有一个线程进行出队入队的操作。我们知道，ReentrantLock 锁有公平和非公平两种实现，可以在 ArrayBlockingQueue 构造时指定 lock 锁的类型。

5）notEmpty 字段，是 lock 的一个 Condition 实例。当队列为空时，获取元素的线程会被阻塞并在该队列等待被唤醒。当队列有数据可用时，其他线程会调用 notEmpty. signal( ) 唤醒等待中线程。

6）notFull 字段，是 lock 的一个 Condition 实例。当队列已满时，插入元素的线程会在该队列等待被唤醒。当队列有空闲位置时，其他线程会调用 notFull. signal( )唤醒等待中线程。

```
//内部数组,存储队列中元素
final Object[] items;
//take 索引:下一个待移除元素的数组索引
int takeIndex;
//put 索引:下一个待插入位置的数组索引
int putIndex;
```

```
    //队列中元素个数
    int count;
    //全局锁-管理所有的访问
    final ReentrantLock lock;
    //非空条件队列
    private final Condition notEmpty;


    //非满条件队列
    private final Condition notFull;
```

6.3.1 出队和入队的环形队列

在讲解插入元素和移除元素方法源码前，需要先对 ArrayBlockingQueue 的出队和入队流程有个总体的认识，这样后面理解源码时就会更容易。

ArrayBlockingQueue 在进行不断的元素入队和出队操作时，内部数组 items、putIndex、takeIndex 三者其实构成了一个环形结构。

当 ArrayBlockingQueue 被初始化时，takeIndex 和 putIndex 都指向 item 索引 0 的位置，假设队列的容量为 n。

当生产者线程向队列中插入元素时，如果队列有空闲位置，元素会被插入 items[putIndex]中，putIndex 会向后移动。当 putIndex 移动到数组 items 最后一个索引位置(n-1)时，如果这时继续向队列中插入元素，元素会被插入到 items[n-1]，putIndex 会重新指向 item 第一个索引位置 0。putIndex 的移动过程其实就是一个环形循环的过程。

当消费者线程从队列中获取元素时，如果队列是非空状态，队列将 item[takeIndex]位置的元素返回后，takeIndex 会向后移动。takeIndex 的移动过程和 putIndex 一样，都是环形循环的过程。

为了更清楚的说明 put 和 take 的过程，现将它们的过程用下面的例子来演示。

假设阻塞队列的容量为 6。item 数组容量为 6。

1) 初始状态，如图 6-3 所示。

元素个数 count=0，put 索引：putIndex=0，take 索引：takeIndex=0。

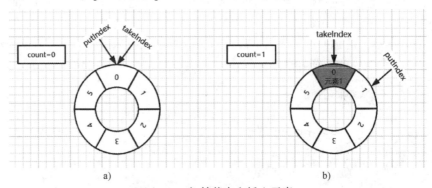

●图 6-3 初始状态和插入元素 1

如果此时使用 take 方法移除元素，take 线程会被阻塞。

2）插入元素 1，如图 6-3b 所示。

线程调用 put 方法插入元素 1，putIndex 向后移动，putIndex++。

put 操作结束后：count=1，putIndex=1，takeIndex=0。

3）继续插入元素 2 至元素 5，如图 6-4a 所示。

put 操作结束后：count=5，putIndex=5，takeIndex=0。

4）继续插入元素 6，如图 6-4b 所示。

putIndex 向后移，putIndex++=6 超过数组最大索引，重置为 0。

put 操作结束后：count=6，putIndex=0，takeIndex=0。

此时队列是满的，如果继续插入元素，put 线程会被阻塞。

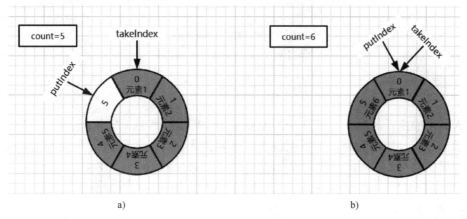

●图 6-4　插入元素

5）移除元素，如图 6-5a 所示。

线程调用 take 方法移除元素，从队列中取出元素 1。takeIndex 向后移，takeIndex++=1。

take 结束后：count=5，putIndex=0，takeIndex=1。

6）继续移除元素 2 至元素 5，如图 6-5b 所示。

take 操作结束后：count=1，putIndex=0，takeIndex=5。

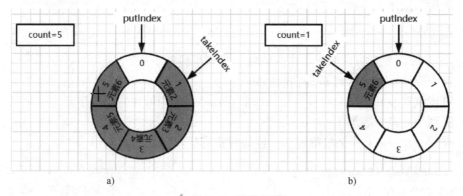

●图 6-5　移除元素

7）继续移除元素，如图 6-6 所示。

takeIndex 向后移，takeIndex++=6 超过数组最大索引，重置为 0。

take 操作结束后：count = 0，putIndex = 0，takeIndex = 0。

这时队列是空的，如果继续移除元素，take 线程会被阻塞。

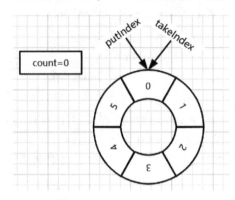

●图 6-6　元素全部移除

6.3.2　插入元素

插入元素的逻辑很简单，用同一个 ReentrantLock 独占锁 lock 实例保证同时只有一个线程执行插入操作，如果队列中有空闲位置，元素插入队尾。否则队列是满的，ArrayBlockingQueue 提供了 4 种不同的处理方式：offer(E e)，add(E e)，put(E e)、offer(e, time, unit)。其中前两个插入元素时不会阻塞线程，后两个方法在队列满时会阻塞线程。下面对这四个方法逐一分析。

1. offer(E e)方法：非阻塞插入元素

线程使用该方法向插入元素时，如果队列中有空闲位置，插入成功并返回 true。如果队列是满的，线程也不会被阻塞，而是直接返回 false。主要步骤如下：

1）首先使用 lock.lock()加锁，保证只能有一个线程执行入队操作。

2）如果队列是满的，插入元素失败，直接返回 false。

3）如果队列未满，调用私有方法 enqueue(e)插入元素到队尾，插入成功后返回 true。

4）最后，操作完毕后释放锁。

enqueue(E x)

插入元素的核心方法，插入元素到队尾。主要步骤如下：

1）首先存储插入元素到 items[putIndex]。

2）对尾位置 putIndex 向后移 1 位，如果 putIndex 达到最大索引，重新定位到索引 0。

3）队列中元素个数加 1。

4）唤醒 notEmpt 上一个等待线程，该线程执行后续移除元素操作。

```
public boolean offer(E e) {
    checkNotNull(e);                    //不能插入 Null 元素,否则抛出异常
    final ReentrantLock lock = this.lock;
    lock.lock();                        //加锁
    try {
```

```
            if (count == items.length)              //队列满,直接返回 false
                return false;
            else {
                enqueue(e);
                return true;
            }
        } finally {
            lock.unlock();                           //释放锁
        }
    }

    //元素入队
    private void enqueue(E x) {
        final Object[] items = this.items;
        items[putIndex] = x;                         //插入元素到 items

        //putIndex 索引位置后移,定位下一个入队位置
        //如果 putIndex 达到最大索引,重新定位到索引 0
        if (++putIndex == items.length)
            putIndex = 0;

        //队列元素个数加 1
        count++;
        notEmpty.signal();                           //唤醒 notEmpty 中一个等待线程
    }
```

2. add（E e）方法：非阻塞插入元素

线程使用该方法向插入元素时，如果队列中有空闲位置，插入成功并返回 true。如果队列是满的，线程也不会被阻塞，而是直接抛出异常。

add 方法比较简单，直接调用了父类 AbstractQueue 的 add 方法。一般这种调用方式采用模板模式的写法，可以使用模板方法来解决通用流程的实现。

AbstractQueue. add 方法很简单，首先调用 ArrayBlockingQueue 的 offer（e）插入元素，如果插入成功直接返回 ture，否则抛出 IllegalStateException（"Queue full"）异常。

```
public boolean add(E e) {
    if (offer(e))
        return true;
    else
        throw new IllegalStateException("Queue full");
}
```

3. put（E e）方法：阻塞式插入元素

线程使用该方法向插入元素时，如果队列是满的，线程会被一直阻塞并进入 notFull 条件队列等待。否则，就调用 enqueue 方法插入元素。

主要步骤如下：

1）判断插入元素不能为 Null，否则抛出 NullPointerException 异常。

2）使用 lock.lock() 加锁，保证只能有一个线程执行入队操作。

3）如果队列是满的，当前线程会被阻塞，让出 lock 锁并在 notFull 条件队列中等待被其他线程唤醒。

线程被唤醒后，需重新尝试获取锁，获取锁成功后再次判断队列是否有空闲位置可用，如果队列是满的线程再次被阻塞。

入队和出队时使用了同一把独占锁，也就是说同时只有一个线程进行出队和入队操作，线程被唤醒后，为什么还需要再次判断。其实，这里使用 while 循环有两个原因：其一，防止虚假唤醒，防止线程被意外唤醒，不经再次判断就直接调用 enqueue 方法。其二，如果 ArrayBlockingQueue 使用的非公平锁策略，则在本线程被其他线程唤醒后，有可能新线程抢先完成了入队操作。

```
while (count == items.length)
    notFull.await();
```

4）如果队列有空闲位置可用，调用私有方法 enqueue（e）插入元素。

5）最后，操作完毕后释放锁。

```
public void put(E e) throws InterruptedException {
    checkNotNull(e);              //不能插入 Null 元素,否则抛出异常
    final ReentrantLock lock = this.lock;
    lock.lockInterruptibly();  //加锁,可被中断
    try {
        //队列已满时,线程被阻塞,让出锁,并在 notFull 条件队列中等待
        //线程被唤醒后,获取锁后重新判断队列是否有空闲位置,如果没有则继续阻塞
        while (count == items.length)
            notFull.await();

        //有空闲位置可用,插入元素
        enqueue(e);
    } finally {
        lock.unlock();              //解锁
    }
}
```

4. offer（e,time,unit）：阻塞式插入元素

线程使用该方法向插入元素时，如果队列是满的，线程会被阻塞一段时间，如果超过指定时间还未添加成功，线程直接退出，返回 false。如果插入元素成功，返回 true。

主要步骤如下：

1）判断插入元素不能为 Null，否则抛出 NullPointerException 异常。

2）使用 lock.lock() 加锁，保证只能有一个线程执行入队操作。

3）如果队列是满的，当前线程会被阻塞，让出 lock 锁并在 notFull 条件队列中等待被

其他线程唤醒。线程被唤醒后，需重新尝试获取锁。线程在两种情况下会被唤醒。

情况 1：等待超时被唤醒并获取到锁。线程会重新判断是否有空闲位置，如果队列仍然是满的，直接返回 false。

情况 2：被其他线程唤醒并获取到锁。线程被唤醒后重新判断是否有空闲位置，如果线程仍然是满的并且等待超时，直接返回 false。

4）如果队列有空闲位置可用，调用私有方法 enqueue(e)插入元素。

5）最后操作完毕后释放锁。

```
public boolean offer(E e, long timeout,TimeUnit unit)
    throws InterruptedException {

    checkNotNull(e);                //不能插入 Null 元素,否则抛出异常
    long nanos = unit.toNanos(timeout);
    final ReentrantLock lock = this.lock;
    lock.lockInterruptibly();       //加锁,可被中断
    try {
        //如果队列是满的,线程会被阻塞一段时间
        while (count == items.length) {
            if (nanos <= 0)
                return false;
            nanos = notFull.awaitNanos(nanos);
        }

        //线程运行到这里,表示有空闲位置可用,插入元素
        enqueue(e);
        return true;
    } finally {
        lock.unlock();              //解锁
    }
}
```

6.3.3　移除元素

移除元素的逻辑也很简单，使用同一个 ReentrantLock 独占锁 lock 保证同时只有一个线程执行移除操作，如果队列中不为空，从队头取出一个元素。如果队列是空的，Array-BlockingQueue 也提供了 4 种不同的处理方式：remove()、poll()、take()、poll(time,unit)。其中前两个移除元素时不会阻塞线程，后两个方法在队列为空时会阻塞线程。下面对这四个方法逐一分析。

1. poll() 方法：非阻塞移除元素

线程使用该方法移除元素时，如果队列不为空，从队头移除一个元素并返回。如果队列是空的，线程不会被阻塞，而是直接返回 null。

首先使用 lock. lock( )加锁，保证只能有一个线程执行入队操作。

如果队列是空的，直接返回 null。

如果队列元素个数大于 0，直接调用私有的 dequeue( )从对头取出一个元素。

最后，操作完毕后释放锁。

2. remove( )方法：非阻塞移除元素

线程使用该方法移除元素时，如果队列不为空，从队头移除一个元素并返回。如果队列是空的，会直接抛出 NoSuchElementException 异常。

remove 方法很简单，直接调用了 poll( )从对头移除一个元素，并将该元素存储在临时变量 x 中。如果 x 不会 null，直接返回该元素。否则，抛出 NoSuchElementException 异常。

```java
public E remove() {
    E x = poll();
    if (x != null)
        return x;
    else
        throw new NoSuchElementException();
}
```

3. take( )方法：阻塞式移除元素

线程使用该方法移除元素时，如果队列不为空，从队头移除一个元素并返回。如果队列是空的，当队列为空时，线程会被阻塞并进入 notEmpty 条件队列等待。

```java
public E take() throws InterruptedException {
    final ReentrantLock lock = this.lock;
    lock.lockInterruptibly();            //加锁
    try {
        //如果队列是空的,线程被阻塞在 notEmpty 条件队列上
        while (count == 0)
            notEmpty.await();
        return dequeue();
    } finally {
        lock.unlock();                   //解锁
    }
}
```

4. poll(e,time,unit)：阻塞式移除元素

线程使用该方法向移除元素时，如果队列是空的，线程会被阻塞一段时间，如果超过指定时间队列仍没有数据可用，直接返回 null。如果队列不为空，从队头移除一个元素并返回。

主要步骤如下：

使用 lock. lock( )加锁，保证只能有一个线程执行出队操作。

如果队列是空的，当前线程会被阻塞，让出 lock 锁并在 notEmpty 条件队列中等待被其他线程唤醒。线程被唤醒后，需重新尝试获取锁。线程在两种情况下会被唤醒。

情况 1：超时被唤醒并获取到锁，线程会重新判断是否有数据可用，如果队列仍然是空

的，直接返回 null。

情况 2：被其他线程唤醒并获取到锁，线程会重新判断是否有数据可用，如果队列仍然是空的并且等待超时，直接返回 null。

如果队列有数据可用，调用私有方法 dequeue( ) 从队头移除元素。

最后，操作完毕后释放锁。

```
public E poll(long timeout,TimeUnit unit) throws InterruptedException {
    long nanos = unit.toNanos(timeout);
    final ReentrantLock lock = this.lock;
    lock.lockInterruptibly();              //加锁,可被中断
    try {
        //如果队列是空的,线程会被阻塞一段时间
        while (count == 0) {
            if (nanos <= 0)
                return null;
            nanos = notEmpty.awaitNanos(nanos);
        }
        //线程运行到这里,表示有数据可用,移除元素
        return dequeue();
    } finally {
        lock.unlock();                     //解锁
    }
}
```

ArrayBlockingQueue 是一个有界阻塞队列，在初始化时需要指定容量大小，在生产者"生产"数据的速度和消费者"消费"数据速度比较稳定且基本匹配的情况下，使用 ArrayBlockingQueue 是不错的选择。否则如果生产者产出数据的速度大于消费者消费的速度，且当队列中被填满的情况下，会有大量生产线程被阻塞。

ArrayBlockingQueue 使用独占锁 ReentrantLock 来实现线程安全，出队和入队操作使用同一个锁对象，作用类似于 synchronized 同步锁，同时只能有一个线程进行入队和出队操作。这也就意味着生产者和消费者无法并行操作，在并发量一般的场景基本够用，在高并发场景下，可能会成为性能瓶颈。

6.4　LinkedBlockingQueue 源码解析

LinkedBlockingQueue 是一个基于链表实现的无界阻塞队列。此队列按照先进先出（FIFO）的原则对元素进行排序。

LinkedBlockingQueue 类结构如图 6-7 所示。

LinkedBlockingQueue 和 ArrayBlockingQueue 的类图结构是一样的。LinkedBlockingQueue 实现了 BlockingQueue 接口，继承自 AbstractQueue 类。

LinkedBlockingQueue 的主要属性如下：

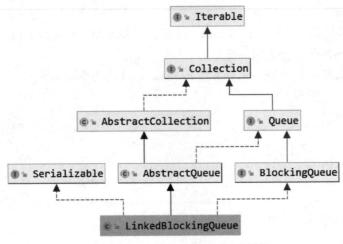

●图 6-7　LinkedBlockingQueue 类结构

1）capacity 字段：队列容量，默认容量是 Integer. MAX_VALUE。表示队列中最多存储元素个数。

2）count 字段：AtomicInteger 类型原子变量，用于存储队列中元素个数，默认值 0。

3）head 和 last 字段：LinkedBlockingQueue 基于单向链表实现，head 为链表的头节点，last 为链表的尾节点。

4）takeLock 和 putLock：两个非公平独占锁 ReentrantLock 实例，分别保证出队和入队操作线程安全。takeLock 用来控制同时只能有一个线程从队头移除元素，putLock 用来控制同时只能有一个线程从队头插入元素。

5）notEmpty 字段：是 takeLock 的一个 Condition 实例。当队列为空时，获取元素的线程会被阻塞并在该队列等待被唤醒。当队列有数据可用时，其他线程会调用 notEmpty. signal( ) 会唤醒等待中线程。

6）notFull 字段：是 takeLock 的一个 Condition 实例。当队列满时，插入元素的线程会在该队列等待被唤醒。当队列有空闲位置时，其他线程会调用 notFull. signal( ) 会唤醒等待中线程。

```
//队列容量,默认 Integer.MAX_VALUE
//MAX_VALUE = 0x7fffffff,int 二进制能够表示的最大正整数 2147483647
private final int capacity;

//队列中元素个数,初始值 0
private final AtomicInteger count = new AtomicInteger();

//队头
transient Node<E> head;

//队尾
private transient Node<E> last;

//出队锁,非公平锁
private final ReentrantLock takeLock = new ReentrantLock();
```

```
//非空条件队列
private final Condition notEmpty = takeLock.newCondition();

//入队锁,非公平锁
private final ReentrantLock putLock = new ReentrantLock();

//非满条件队列
private final Condition notFull = putLock.newCondition();
```

LinkedBlockingQueue 同样也提供了三个构造函数。

（1）默认构造函数

```
publicLinkedBlockingQueue() {
    this(Integer.MAX_VALUE);//默认容量 Integer.MAX_VALUE
}
```

使用默认构造函数创建 LinkedBlockingQueue 实例时，会创建一个容量为 Integer. MAX_VALUE 的阻塞队列，近似无界。

（2）指定初始容量的构造函数

```
publicLinkedBlockingQueue(int capacity) {
    if (capacity <= 0) throw new IllegalArgumentException();
    this.capacity = capacity;
    last = head = new Node<E>(null);
}


static class Node<E> {
    E item;             //真实数据
    Node<E> next;       //后继节点
    Node(E x) { item = x; }
}
```

（3）根据已有集合初始化队列的构造函数

　　队列的容量为 Integer. MAXVALUE，遍历集合将集合中所有元素依次入队。如果集合中元素不能为 null，否则抛出 NullPointerException 异常；集合中容量大于 Integer. MAXVALUE 会抛出 IllegalStateException（"Queue full"）异常。

　　在用集合初始化队列时，使用了 putLock 锁，这是为了保证数据的可见性，保证在构造器结束后，数据修改结果对所有线程可见。

```
publicLinkedBlockingQueue(Collection<? extends E> c) {
    this(Integer.MAX_VALUE);                          //容量为 Integer.MAX_VALUE
    final ReentrantLock putLock = this.putLock;
    putLock.lock();                                   //putLock 加锁,保证可见性
    try {
        int n = 0;                                    //元素个数
        //遍历集合,将集合中所有元素入队
```

```
    for (E e : c) {
        if (e == null)                     //元素不能为 null
            throw new NullPointerException();
        if (n == capacity)                 //超过容量
            throw new IllegalStateException("Queue full");
        enqueue(new Node<E>(e));           //插入队尾
        ++n;
    }
    count.set(n);                          //更新队列元素个数
} finally {
    putLock.unlock();                      //putLock 解锁
}
}
```

构造完成后，LinkedBlockingQueue 的初始结构如图 6-8 所示。

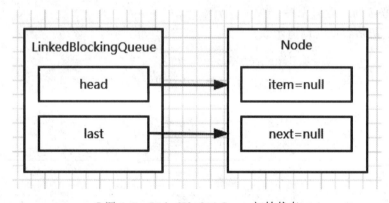

●图 6-8　LinkedBlockingQueue 初始状态

6.4.1　插入元素

　　插入元素的逻辑很简单，用同一个 putLock 独占锁保证同时只有一个线程执行插入操作，如果队列中有空闲位置，元素插入队尾。

　　LinkedBlockingQueue 同样也提供了 4 种不同的处理方式：offer(E e)、add(E e)、put(E e)、offer(e, time, unit)。4 种方法主体流程差别不大，这里仅以 put 方法为例，来分析 Linked-BlockingQueue 插入元素的流程。

　　线程使用该方法向插入元素时，如果队列是满的，线程会被一直阻塞并进入 notFull 条件队列等待。否则，如果队列不是满的，元素就会被插入到队列尾部。

　　1）判断插入元素不能为 Null，否则抛出 NullPointerException 异常。

　　2）执行 putLock.lockInterruptibly() 加锁，保证同时只能有一个线程执行入队操作。

　　3）如果队列是满的，当前线程会被阻塞，让出 putLock 锁并在 notFull 条件队列中等待被其他线程唤醒。

```
while (count.get() == capacity) {
    notFull.await();
}
```

4）如果队列未满，调用 enqueue(e)插入元素。

5）调用 count. getAndIncrement 递增元素个数，并将递增前队列中元素个数存储在局部变量 c 中。如果入队后，队列仍然未满，就调用 notFull. signal 唤醒一个 notFull 条件队列上等待线程，该线程被唤醒后执行插入元素操作。

6）入队结束，执行 putLock. unlock( )解锁。解锁后，其他线程可以抢占 putLock 进行入队操作。

7）如果入队前队列是空的，就可能有线程因为执行移除元素操作而被阻塞在 notEmpty 上。所以，当前线程入队完毕后，需要唤醒 notEmpty 中一个等待的线程，通知它队列上现有有元素可以获取。

```
public void put(E e) throws InterruptedException {
    //不能插入 Null 元素,否则抛出异常
    if (e == null) throw new NullPointerException();
    int c = -1;
    Node<E> node = new Node<E>(e);
    final ReentrantLock putLock = this.putLock;
    final AtomicInteger count = this.count;
    putLock.lockInterruptibly();          //putLock 加锁,可被中断
    try {
        //队列已满时,线程被阻塞,让出锁,并在 notFull 条件队列中等待
        while (count.get() == capacity) {
            notFull.await();
        }

        //有空闲位置可用,插入元素
        enqueue(node);
        //递增元素个数,并将入队前元素个数存储在局部变量 c 中
        c = count.getAndIncrement();

        //元素入队后,队列未满,唤醒一个在 notFull 上等待线程(插入元素)
        if (c + 1 < capacity)
            notFull.signal();
    } finally {
        putLock.unlock();                 //putLock 解锁
    }
    //唤醒一个在 notEmpty 上等待的线程,通知它可以获取元素了
    if (c == 0)
        signalNotEmpty();
}
```

```
private void signalNotEmpty() {
    final ReentrantLock takeLock = this.takeLock;
    takeLock.lock();                    //takeLock 加锁
    try {
        notEmpty.signal();              //唤醒 notEmpty 中一个等待的线程
    } finally {
        takeLock.unlock();              //takeLock 解锁
    }
}


private void enqueue(Node<E> node) {
    last = last.next = node;
}
```

插入 1 个元素后，结构如图 6-9 所示。

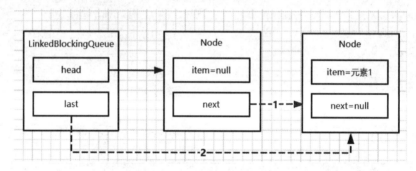

●图 6-9　插入 1 个元素

插入 2 个元素后，结构如图 6-10 所示。

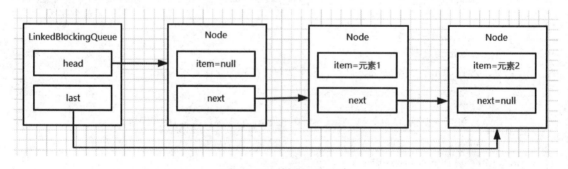

●图 6-10　插入 2 个元素

6.4.2　移除元素

移除元素的逻辑很简单，用同一个 takeLock 独占锁保证同时只有一个线程执行移除操作，如果队列中不为空，则从队头取出一个元素。

LinkedBlockingQueue 同样也提供了 4 种不同的处理方式：remove()、poll()、take()、 poll(time,unit)。4 种方法主体流程差别不大，这里仅以 take 方法为例，来分析 Linked-BlockingQueue 移除元素的流程。

线程使用该方法移除元素时，如果队列不为空，从队头移除一个元素并返回。如果队列是空的，当队列为空时，线程会被阻塞并进入 notEmpty 条件队列等待。

主要步骤如下：

使用 takeLock.lockInterruptibly()加锁，保证只能有一个线程执行出队操作。

如果队列是空的，当前线程会被阻塞，让出 takeLock 锁并在 notEmpty 条件队列中等待被其他线程唤醒。线程被唤醒后，需重新尝试获取锁。线程在两种情况下会被唤醒。

如果队列有数据可用，调用私有方法 dequeue()从队头移除元素。

调用 count.getAndDecrement 递减元素个数，并将递减前队列中元素个数存储在局部变量 c 中。如果入队后，队列仍然不为空，就调用 notEmpty.signal 唤醒一个 notEmpty 条件队列上等待线程，该线程被唤醒后执行移除元素操作。

元素出队结束，执行 takeLock.unlock()解锁。解锁后，其他线程可以抢占 takeLock 进行出队操作。

如果出队前队列是满的，就可能有线程因为执行插入元素操作而被阻塞在 notFull 上。所以，当前元素出队完毕后，需要唤醒 notFull 中一个等待的线程，通知它可以继续插入元素了。

```
public E take() throws InterruptedException {
    E x;
    int c = -1;
    final AtomicInteger count = this.count;
    final ReentrantLock takeLock = this.takeLock;
    takeLock.lockInterruptibly();      //takeLock 加锁
    try {
        //如果队列是空的,线程被阻塞在 notEmpty 条件队列上
        while (count.get() == 0) {
            notEmpty.await();
        }
        //线程运行到这里,表示有数据可用,移除元素
        //从队尾移除元素
        x = dequeue();
        //递减元素个数,并将递减前元素个数存储在局部变量 c 中
        c = count.getAndDecrement();
        //元素出队后,队列仍然不为空,唤醒一个在 notEmpty 上等待线程(移除元素)
        if (c > 1)
            notEmpty.signal();
    } finally {
        takeLock.unlock();             //takeLock 解锁
    }
    //唤醒一个在 notFull 上等待的线程,通知它可以插入元素了
```

```
        if (c == capacity)
            signalNotFull();
        return x;
    }


    private E dequeue() {
        Node<E> h = head;
        Node<E> first = h.next;        //获取第一个数据节点:头节点的后继节点
        h.next = h;                    //协助 GC
        head = first;
        E x = first.item;              //获取头节点中元素
        first.item = null;
        return x;
    }
```

移除 1 个元素后，结构如图 6-11 所示。

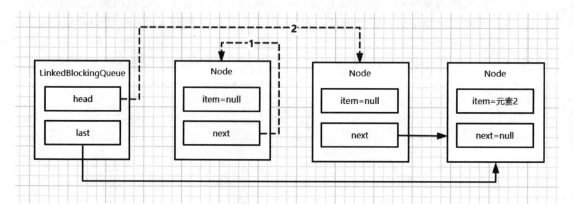

●图 6-11　移除 1 个元素

最终状态如图 6-12 所示。

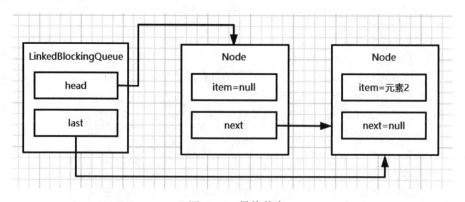

●图 6-12　最终状态

LinkedBlockingQueue 是一个基于链表的阻塞队列，如果在初始化时没有指定其容量，它会默认一个类似无界的容量。如果当生产者产出数据的速度远大于消费者消费的速度时，LinkedBlockingQueue 会缓存大量的数据，这时系统内存可能被消耗殆尽。

LinkedBlockingQueue 和 ArrayBlockingQueue 不同的是，它使用两把独立的锁 takeLock 和 putLock 来保证出队和入队操作线程安全。这样入队和出队之间可以真正的做到并发执行，同时可以有一个线程进行入队操作，另一个线程进行出队操作，这样比 ArrayBlockingQueue 提升了 2 倍的并发效率。

6.5 本章小结

在本章中主要讲了分析了 LinkedBlockingQueue 和 ArrayBlockingQueue 两个阻塞队列的实现。LinkedBlockingQueue 和 ArrayBlockingQueue 两个队列的主要区别如下。

1）底层数据结构不同。ArrayBlockingQueue 基于数组实现，使用数组存储元素。LinkedBlockingQueue 基于单链表实现，使用链表存储元素。

2）队列容量不同。ArrayBlockingQueue 构造时必须指定容量，且后续不能改变。LinkedBlockingQueue 既可以指定大小，也可以不指定，默认使用一个类似无界的容量（Integer. MAX_VALUE）。

3）ArrayBlockingQueue 可以使用公平/非公平锁策略，而 LinkedBlockingQueue 只能使用非公平策略。

ArrayBlockingQueue 入队和出队公用一把全局 ReentrantLock 锁；LinkedBlockingQueue 出队和入队分别使用独立的锁，所以 LinkedBlockingQueue 的并发性能要比 ArrayBlockingQueue 好。

扫一扫观看串讲视频

第 7 章
线程池原理解析

7.1 为什么要用线程池

当我们需要执行一个任务时，可以直接使用 new Thread 创建一个线程来运行任务。线程从创建到销毁大概经历了以下步骤：

1）创建 Java 线程实例，线程是一个对象实例，会在堆中分配内存。创建线程需要时间和内存。

2）JVM 为线程创建其私有资源：虚拟机栈和程序计数器。

3）执行 start 方法启动 Java 线程，操作系统为 Java 线程创建对应的内核线程，线程处于就绪状态。内核线程属于操作系统资源，创建也需要时间和内存。

4）线程被操作系统 CPU 调度器选中后，线程开始运行任务。

5）线程在运行过程中，会被 CPU 不断切换运行。

6）线程运行完毕，Java 线程被垃圾回收器回收。

从线程的执行流程来看，可以得知：

1）线程不仅是 Java 对象，更是操作系统资源，创建线程和销毁线程，都需要时间。

频繁的创建、销毁线程，会很大程度上影响处理效率。例如：创建线程花费时间 T1，执行任务花费时间 T2，销毁线程花费时间 T3。如果 T1+T3>T2，就很不划算。

2）Java 线程的创建和运行需要占用内存空间，线程数量一大，会消耗很多内存。

线程不仅需要在堆中开辟空间，还需要为每个线程分配虚拟机栈和程序计数器。根据 JVM 规范，一个线程默认最大栈大小是 1M，这个栈空间需要从内存中分配的。

3）CPU 切换上下文时需要时间，线程数量多时，CPU 会频繁切换线程上下文，会影响系统性能。

单 CPU 上同时只能运行一个线程，CPU 通过切换上下文运行线程，实现多线程的并发。

所以说，线程并不是越多越好，线程数量和系统性能是一种抛物线的关系，当线程数量达到某个数值的时候，性能反而会降低很多，因此对线程的管理，尤其是数量的控制能直接决定程序的性能。对线程的重复利用是非常有必要的。

为了解决这些问题，所以产生了线程池。线程池的主要目的就是为了控制线程的数量，重复利用线程，提高执行效率。

7.2 线程池的优点

线程池的优点具体如下：

（1）重复利用线程

1）可以复用线程，降低了创建和销毁的性能开销。

当线程数量一大，线程的创建和销毁的开销是巨大的。使用线程池，每当有新任务要执行时，可以复用已有的工作线程，大大减少了不必要的开销，这些开销包括内存开销和时间开销。

2）提升任务的响应速度，当有新任务需要执行时不需创建线程可以立即执行。

当有新任务需要执行时不必创建新线程，可以使用线程池中的工作线程立即执行。这样就减少了创建线程的时间消耗，减少了任务执行时间，提升了任务的响应速度。

（2）控制线程的数量

1）可以根据系统承受能力，通过合理的控制线程数，防止线程数过多导致服务崩溃。

内存：当线程数量一大，线程的创建和运行消耗内存是巨大的，甚至有可能超过服务器的承受范围，导致的内存溢出问题。根据系统承受能力，合理的控制线程数，就可以防止这种情况发生。

CPU：CPU 切换线程也是需要时间的，当线程数量过多时，CPU 会频繁切换线程上下文，这个时间消耗也是不容忽视的。可以通过控制线程池的最大线程数，避免大量的线程池争夺 CPU 资源而造成的性能消耗。

2）线程池可以对线程进行统一的管理，支持更多的功能。

比如，线程池可以根据任务执行情况，动态的调整线程池中的工作线程的数量。当任务比较少时自动回收线程，当线程不够用时则新建。使用线程池可以进行统一分配、调优和监控。

7.3　线程池实现原理

所谓线程池，通俗的理解即一个容器，里面存放着提前创建好的若干个线程，当有任务提交给线程池执行时，任务会被分配给容器中的某个线程来执行。任务执行完毕后，这个线程不会被销毁而是重新等待分配任务。

线程池有一个任务队列，缓存着异步提交待处理的任务。

当任务过多超过了任务队列的容量时，线程池会自动扩充新的线程到池子中，但是最大线程数量是有上限的。同时当任务比较少的时候，池子中的线程还能够自动回收和释放资源。

线程池基本流程如图 7-1 所示。由此可知，线程池应该具备如下要素：

1）线程池管理器：用于创建并控制线程数量，包括创建线程和销毁线程；

2）工作线程：线程池中线程，在没有任务时处于等待状态，可以循环的执行任务；

3）任务队列：用于缓存提交的任务。

线程池提供了一种缓冲机制，用于处理用户提交的，还没有来得及处理的任务，一般是有数量限制的。

4）任务拒绝策略：如果任务队列已满且线程数已达到上限，则需要有相应的拒绝策略来处理后续任务。

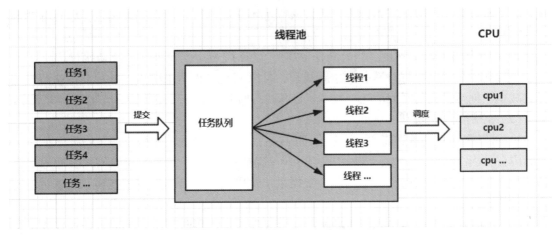

●图7-1　线程池基本流程

7.4　线程池 ThreadPoolExecutor

Java 线程池中标准的线程池是 ThreadPoolExecutor。该线程池的接口是 Executor 和 ExecutorService。

Executor 是最上层接口，只有一个方法 execute，用于执行提交任务 Runnable 实例。

ExecutorService 继承自 Executor，定义了线程池的主要接口，拓展了任务执行的 Callable 方式，以及生命周期相关的方法，如关闭线程池 shutdown。

ExecutorService 的生命周期有三种状态：运行、关闭、终止。其中生命周期关闭和终止相关的主要方法如下：

```
//平缓关闭(不接受新的任务,同时等待已经提交的任务执行完成)
void shutdown();
//强制关闭(粗暴的关闭,尝试取消所有运行中的任务,并且不再启动队列中尚未开始执行的任务)
List<Runnable> shutdownNow();
booleanisShutdown();        //是否关闭
boolean isTerminated();        //是否终止
//timeout 时间后是否终止
boolean awaitTermination(long timeout, TimeUnit unit) throws InterruptedException;
```

ThreadPoolExecutor 类结构如图 7-2 所示。

ThreadPoolExecutor 继承了 AbstractExecutorService，AbstractExecutorService 实现了任务执行的 Callable 方式。

ThreadPoolExecutor 线程池有 4 个构造函数，下面基于它最完整的构造函数来讲解下每个参数的作用，构造函数代码如下所示。

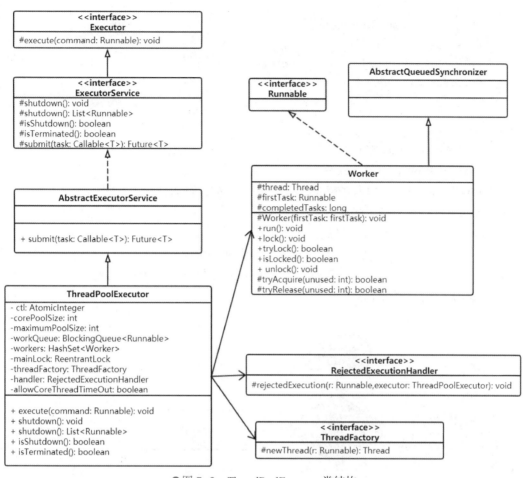

●图 7-2 ThreadPoolExecutor 类结构

```
publicThreadPoolExecutor(int corePoolSize,
                    intmaximumPoolSize,
                    longkeepAliveTime,
                    TimeUnit unit,
                    BlockingQueue<Runnable> workQueue,
                    ThreadFactory threadFactory,
                    RejectedExecutionHandler handler) {
    if (corePoolSize < 0 ||
        maximumPoolSize <= 0 ||
        maximumPoolSize < corePoolSize ||
        keepAliveTime < 0)
        throw new IllegalArgumentException();
    if (workQueue == null ||threadFactory == null ||handler == null)
        throw new NullPointerException();
    this.corePoolSize = corePoolSize;
    this.maximumPoolSize = maximumPoolSize;
```

```
    this.workQueue = workQueue;
    this.keepAliveTime = unit.toNanos(keepAliveTime);
    this.threadFactory = threadFactory;
    this.handler = handler;
}
```

参数说明如下：

1）corePoolSize：核心线程数。

2）maximumPoolSize：最大线程数。

3）workQueue：任务队列，缓存已经提交但尚未被执行的任务。

4）keepAliveTime：空闲线程的存活时间。

5）unit：keepAliveTime 的单位。

6）threadFactory：线程工厂（用于指定如何创建一个线程）。

7）handler：拒绝策略（工作队列已满且线程池中线程已达上限时的处理策略）。

线程池的工作流程如图 7-3 所示。

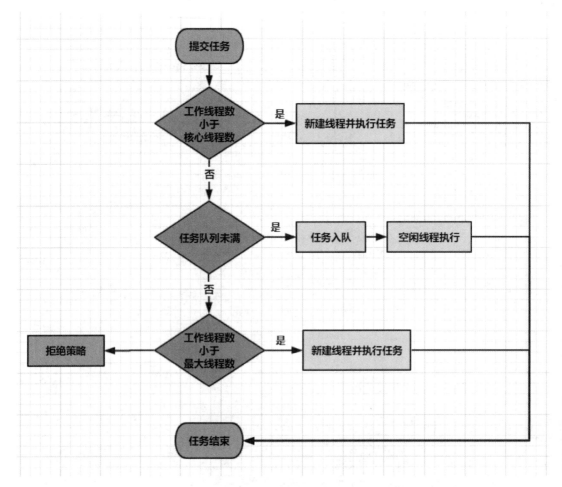

●图 7-3　线程池的工作流程

线程池刚被创建时，线程池中的线程数默认为 0。当向线程池提交一个任务时，线程池的工作流程如下：

1）如果当前线程数<corePoolSize，则创建新的线程并执行该任务。

当有新任务需要执行时，如果当前线程数<corePoolSize，即使这时候有空闲线程，也会创建新线程执行任务。

2）如果当前线程数>=corePoolSize 且任务队列未满，则将任务存入任务队列中。等待线池中有空闲线程时，就会执行任务队列中的任务。

3）如果任务队列已满，且当前线程数<maximumPoolSize，则新建线程执行该任务。

4）如果阻塞队列已满，且当前线程数=maximumPoolSize，则执行拒绝策略，通知任务调用者线程池不再接受任务了。

线程池刚被创建时，是不会创建线程的，当有新任务需要执行时，线程池才会创建线程。线程在完成任务以后，线程是不会立即销毁的，线程会先查看任务队列，如果任务队列有等待执行的任务，线程会继续执行队列中的任务。如果这时没有任务需要执行，线程会主动挂起自己，当有新任务需要执行时，线程会被唤醒开始执行任务。

这样当有大量任务需要执行时，既节省了创建线程的性能损耗，也可以反复重用同一线程，节约大量性能开销。

其中参数 workQueue，是一个阻塞队列 BlockingQueue，用于缓存待执行的任务。可以选择以下几种阻塞队列。

1）ArrayBlockingQueue：一个数组结构的有界阻塞队列，使用时需指定数量，先进先出的。

2）LinkedBlockingQueue：一个链表结构的阻塞队列，可指定最大容量，如果不指定容量默认为 Integer. MAX_VALUE，该队列为先进先出的。

线程池工厂 Executors 中的 newFixedThreadPool 线程池就使用了这种队列。

3）SynchronousQueue：一个不存储元素的阻塞队列。每个插入操作必须等到另一个线程调用移除操作，否则插入操作会一直处于阻塞状态。

若在线程池中使用此队列，若有新任务时会直接新建一个线程来执行新任务。线程池工厂 Executors 中的 newCachedThreadPool 线程池就使用了这种队列。

4）PriorityBlockingQueue：一个具有优先级的无限阻塞队列，真正的无界队列，按照元素权重出队。

优先级不同的任务可以使用优先级队列 PriorityBlockingQueue 来处理。它可以让优先级高的任务先执行。但是注意：如果一直有优先级高的任务提交到队列里，那么优先级低的任务可能永远不能执行。

空闲线程的存活时间的参数有两个：

参数 keepAliveTime：空闲线程的存活时间。

参数 unit：keepAliveTime 的单位。

这两个参数的单位一般使用秒或者毫秒就够了。在 TimeUnit 类中，可选的单位有天（DAYS）、小时（HOURS）、分钟（MINUTES）、秒（SECONDS）、毫秒（MILLISECONDS）、微秒（MICROSECONDS，千分之一毫秒）和纳秒（NANOSECONDS，千分之一微秒）。

这两个参数表示线程池的工作线程空闲后，其保持存活的时间。在默认情况下，只会回收非核心线程，核心线程是不回收的，但在设置了核心线程可回收后，核心线程空闲时间达到回收条件时也会被回收。

```
//设置了核心线程可回收后
allowCoreThreadTimeOut(true)
```

如果任务很多，并且每个任务执行的时间比较短，可以调长时间，提高线程的利用率。

参数 ThreadFactory：用于创建线程池中线程的工厂，线程池默认是使用的是 Executors 中的 DefaultThreadFactory，线程格式为 pool-{线程池 id}-thread-{线程 id}。可以通过自定义线程工厂类给创建出来的线程设置更有意义的名字，方便出错时回溯，对故障定位。

如果觉得实现麻烦，还可以使用开源框架 guava 提供的 ThreadFactoryBuilder，它可以给线程池里的线程设置有意义的名字。

```
new ThreadFactoryBuilder().setNameFormat("threadpool-thread-% d").build();
static class DefaultThreadFactory implementsThreadFactory {
    //静态变量,全局变量
    private static finalAtomicInteger poolNumber = new AtomicInteger(1);
    private finalThreadGroup group;
    private finalAtomicInteger threadNumber = new AtomicInteger(1);//成员属
性,普通变量
    private final StringnamePrefix;

DefaultThreadFactory() {
    SecurityManager s = System.getSecurityManager();
    group = (s != null) ? s.getThreadGroup() :
    Thread.currentThread().getThreadGroup();
    //线程名称前缀,在构造函数中初始化
    namePrefix = "pool-" + poolNumber.getAndIncrement() + "-thread-";
}
public ThreadnewThread(Runnable r) {
    Thread t = new Thread(group, r,
                    namePrefix + threadNumber.getAndIncrement(),//线程名称
                    0);
    if (t.isDaemon())
    t.setDaemon(false);
    if (t.getPriority() != Thread.NORM_PRIORITY)
        t.setPriority(Thread.NORM_PRIORITY);
    return t;
    }
}
```

当线程池中任务队列和线程都满时，说明线程池处于饱和状态，那么必须采取一种策略处理提交的新任务。策略默认情况下是 AbortPolicy，表示无法处理新任务时抛出异常。在 JDK 中 Java 提供了以下 4 种拒绝策略。

AbortPolicy：新任务直接被拒绝，并抛出异常 RejectedExecutionException。

DiscardPolicy：新任务忽略不执行，丢弃。

DiscardOldestPolicy：抛弃任务队列中等待最久的任务，将新任务添加到等待队列中。

CallerRunPolicy：新任务使用调用者所在线程来执行任务。

当然，也可以根据应用场景需要，来实现 RejectedExecutionHandler 接口自定义策略。比如记录日志或持久化存储不能处理的任务。

可以使用两个方法向线程池提交任务，分别为 execute 和 submit 方法。

（1）execute 方法

ThreadPoolExecutor 中的方法 execute 方法用于提交不需要返回值的任务，所以无法判断任务是否被线程池执行成功。execute 传入的任务是一个 Runnable 类的实例。

```
public void execute(Runnable command)
```

（2）submit 方法

submit 相关的方法有三种，用于提交需要返回值的任务。任务提交后，线程池会立即返回一个 Future 类型的对象，通过这个 Future 对象可以判断任务是否执行成功，并且可以通过它的 get 方法来获取任务的计算结果。执行 get 方法会阻塞当前线程直到任务完成，而使用 get(long timeout, TimeUnit unit)方法则会阻塞当前线程一段时间后返回，这时候有可能任务没有执行完。

```
public Future<?> submit(Runnable task) {
    if (task == null) throw new NullPointerException();
    RunnableFuture<Void> ftask = newTaskFor(task, null);
    execute(ftask);
    returnftask;
}


public <T> Future<T> submit(Runnable task, T result) {
    if (task == null) throw new NullPointerException();
    RunnableFuture<T> ftask = newTaskFor(task, result);
    execute(ftask);
    returnftask;
}
public <T> Future<T> submit(Callable<T> task) {
    if (task == null) throw new NullPointerException();
    RunnableFuture<T> ftask = newTaskFor(task);
    execute(ftask);
    returnftask;
}
```

关闭线程池

可以通过调用线程池的 shutdown 或 shutdownNow 方法来关闭线程池。

（1）shutdown（）

调用 shutdown（）方法关闭线程池，这时线程池不再接收新的任务，线程池中的所有任务（包括正在执行的和等待队列中的）完成后，线程池关闭。

（2）shutdownNow（）

调用 shutdownNow（）会立即关闭线程池，这时线程池不再接收新的任务，线等待队列中的线程将不会被执行，并尝试中断正在运行的线程。

它的原理是先遍历线程池中的工作线程，然后逐个调用线程的 interrupt 方法来中断线程，无法响应中断的任务就无法终止，只能等待任务执行完毕后，才能关闭线程池。

只要调用了这两个方法中的任意一个，isShutdown 方法就会返回 true。当所有的任务都已关闭后，才表示线程池关闭成功，这时调用 isTerminaed 方法会返回 true。至于应该调用哪一种方法来关闭线程池，应该由提交到线程池的任务特性决定，通常调用 shutdown 方法来关闭线程池。如果任务不重要不一定要执行完，则可以调用 shutdownNow 方法。

7.5　ThreadPoolExecutor 源码解析

ThreadPoolExecutor 成员变量 ctl 类型是一个 AtomicInteger 类型的原子变量，用来记录线程的状态和线程池中线程的数量。

Integer 在计算机中使用 4 个字节存储，32 位二进制表示。成员变量 ctl 的高三位用来表示线程状态，后面 29 位表示线程个数。

```
//线程池创建时,初始状态时 RUNNING,线程数为 0
private final AtomicInteger ctl = new AtomicInteger(ctlOf(RUNNING, 0));
//线程个数掩码位数:Integer 的二进制位数-3＝29.也就是说 ctl 的后 29 位表示线程个数
private static final int COUNT_BITS = Integer.SIZE - 3;

//线程池最大个数(低 29 位).0001111 11111111 11111111 11111111
//1 << 29 = 00100000000000000000000000000000
//(1 << 29) -1 =0001111 11111111 11111111 11111111
private static final int CAPACITY  = (1 << COUNT_BITS) - 1;

//线程池状态:ctl 的高三位
//RUNNING:11100000 00000000 00000000 00000000,为负数
private static final int RUNNING    = -1 << COUNT_BITS;
//SHUTDOWN:00000000 00000000 00000000 00000000
private static final int SHUTDOWN   =  0 << COUNT_BITS;
//STOP:00100000 00000000 00000000 00000000
private static final int STOP       =  1 << COUNT_BITS;
//TIDYING:01000000 00000000 00000000 00000000
private static final int TIDYING    =  2 << COUNT_BITS;
//TERMINATED:011000000 00000000 00000000 00000000
```

```
private static final int TERMINATED = 3 << COUNT_BITS;


//获取运行状态:获取高三位
//~CAPACITY = 11100000000000000000000000000000
//数 c 和~CAPACITY 按位与后,c 高 3 位会保留下来,其余后 29 位都被抹为 0
private static int runStateOf(int c)      { return c & ~CAPACITY; }


//获取线程数量:获取低 29 位
//CAPACITY = 0001111 11111111 11111111 11111111
//数 c 和 CAPACITY 按位与后,c 高 3 位会被抹为 0,后 29 位保留下来
private static int workerCountOf(int c)  { return c & CAPACITY; }


//计算 ctl 值,(线程状态和线程数执行按位或运算后的数字,高 3 位为线程状态,低 29 位为线程数)
//rs = YYY00000 00000000 00000000 00000000
//wc = 000XXXXX XXXXXXXX XXXXXXXX XXXXXXXX
//rs |wc = YYYXXXXX XXXXXXXX XXXXXXXX XXXXXXXX
private static int ctlOf(int rs, int wc) { return rs |wc; }
```

（1）线程池的 5 种状态

1）RUNNING：运行状态。接受新任务并且处理阻塞队列里的任务。

2）SHUTDOWN：拒绝新任务但是处理阻塞队列里的任务。

3）STOP：拒绝新任务并且抛弃阻塞队列里的任务，同时会中断正在处理的任务。

4）TIDYING：所有任务都执行完（包含阻塞队列里面的任务）后当前线程池活动线程数为 0，将调用 terminated 方法。

5）TERMINATED：终止状态。terminated 方法调用完成以后的状态。

线程池状态之间的转换和转换条件，有以下几种：

1）RUNNING→SHUTDOWN：线程池显式调用 shutdown（）方法，或者隐式调用了 finalize（）方法里的 shutdown（）方法。

2）RUNNING 或 SHUTDOWN→STOP：当线程池显式调用 shutdownNow（）方法时。

3）SHUTDOWN→TIDYING：当线程池线程和任务队列都为空时。

4）STOP→TIDYING：当线程池为空时。

5）TIDYING→TERMINATED：当 terminated（）方法执行完成时。

（2）工作线程 workers

线程池的成员变量 workers，保存着线程池的所有线程。workers 成员类型为 Worker，Worker 类继承自 AQS，实现了 Runnable 接口，承载具体的任务对象和线程。

```
private finalHashSet<Worker> workers = new HashSet<Worker>();
```

Worker 类继承了 AQS，实现了简单的不可重入独占锁，（注意是不可重入，不能实现有锁的递归调用），AQS 的 state 值表示锁的状态，state = 0 表示无锁状态，state = 1 表示锁已经被获取的状态，state = -1 是创建 Worker 时默认的状态。创建时状态设置为-1 是为了避免该线程在运行 runWorker（）方法前被中断，后面会具体讲解。

Worker 的变量 firstTask 在创建 Worker 时由构造函数传入，表示 Worker 创建后需执行的第一个任务。变量 thread 是执行任务的线程，在创建 Worker 实例时使用线程池的线程工厂创建。

```java
private final class Worker extends AbstractQueuedSynchronizer implements Runnable {
    //执行任务的线程
    final Thread thread;
    //线程执行的第一个任务
    Runnable firstTask;
    //已完成的任务数
    volatile long completedTasks;

    /**
     * Creates with given first task and thread fromThreadFactory.
     * @ param firstTask the first task (null if none)
     * 构造函数,初始化第一个任务和锁状态,并创建线程
     */
    Worker(Runnable firstTask) {
        //设置锁的状态为-1
        setState(-1); //inhibit interrupts until runWorker
        this.firstTask = firstTask;
        this.thread = getThreadFactory().newThread(this);
    }

    /** Delegates main run loop to outerrunWorker   */
    public void run() {
        runWorker(this);
    }

    protected boolean tryAcquire(int unused) {
        if (compareAndSetState(0, 1)) {
            setExclusiveOwnerThread(Thread.currentThread());
            return true;
        }
        return false;
    }

    protected boolean tryRelease(int unused) {
        setExclusiveOwnerThread(null);
        setState(0);
        return true;
    }
    //获取锁
```

```
public void lock()          { acquire(1); }
//尝试获取锁,获取成功返回 true;获取失败返回 false
public booleantryLock()  { return tryAcquire(1); }
//释放锁
public void unlock()        { release(1); }
//锁是否已被线程获得
public booleanisLocked() { return isHeldExclusively(); }
}
```

7.5.1　execute 提交任务

新任务可以使用 execute 方法提交到线程池并执行，execute 方法代码如下所示。

```
public void execute(Runnable command) {
    if (command == null)
        throw new NullPointerException();
int c =ctl.get();//获取线程池状态
//<1>当前线程池中线程比核心数少,新建一个线程执行任务
if (workerCountOf(c) < corePoolSize) {
        if (addWorker(command, true))
            return;
        c =ctl.get();
    }
    //<2>线程运行到这里,说明核心线程已满
    if (isRunning(c) && workQueue.offer(command)) {//核心线程已满但任务队列未满,任
务添加到队列中
        int recheck =ctl.get();
        //任务成功添加到队列以后,再次检查是否需要添加新的线程,因为已存在的线程可能被销毁了
        if (!isRunning(recheck) && remove(command))
            reject(command);
        //如果之前的线程已被销毁完,新建一个线程
        else if (workerCountOf(recheck) == 0)
        addWorker(null, false);
    }
    //<3>核心池已满,队列已满,试着创建一个新线程
    else if (!addWorker(command, false))
        reject(command);//如果创建新线程失败了,说明线程池被关闭或者线程池完全满了,拒
绝任务
    }
```

在线程池刚被创建时，线程池中的线程数为 0。当我们向线程池提交一个任务时，线程
池的主要工作流程如下：

在代码<1>中判断如果当前线程池中线程数<corePoolSize，则创建新的线程并执行该任务。所以如果当前线程池中线程数<corePoolSize，即使这时候有空闲线程，也会创建新线程执行任务。

如果当前线程池中线程数>=corePoolSize且任务队列未满，则执行代码<2>则将任务加入任务队列中。等待线程池中有空闲线程时，就会执行任务队列中的任务。这里需要检查线程池状态，如果线程池状态是非运行状态时，需要拒绝新任务，执行拒绝策略。

如果任务队列已满，且当前线程数<maximumPoolSize，则执行代码<3>,addWorker(command, false)尝试新建线程执行该任务。如果 addWorker(command, false)创建线程失败，说明当前线程数=maximumPoolSize，则执行拒绝策略，通知任务调用者线程池不能再接受任务了。

7.5.2　addWorker 创建并执行工作线程

如果工作线程数小于核心线程数的话，会调用 addWorker，顾名思义，其实就是要创建一个工作线程。

```
private booleanaddWorker(Runnable firstTask, boolean core) {
    retry:
    for (;;) {
        int c =ctl.get();
        int rs =runStateOf(c);

        //检查队列是否在必要时为空
        /*
            如果线程处于非运行状态,并且 rs 不等于 SHUTDOWN 且 firstTask 不等于空且
workQueue 为空,直接返回 false(表示不可添加 Worker 状态)
            1. 线程池已经 shutdown 后,还要添加新的任务,拒绝
            2. SHUTDOWN 状态不接受新任务,但仍然会执行已经加入任务队列的任务,所以当进入
SHUTDOWN 状态,而传进来的任务为空,并且任务队列不为空的时候,是允许添加新线程的,如果把这
个条件取反,则不允许添加 Worker
            */
        if (rs >= SHUTDOWN &&
            ! (rs == SHUTDOWN &&
                firstTask == null &&
                !workQueue.isEmpty()))
            return false;

        for (;;) {                              //自旋循环。CAS 增加线程数量
            int wc =workerCountOf(c);           //获得 Worker 工作线程数
            //如果工作线程数超过上限,则直接返回 false 表示不能再添加 worker
```

```
        if (wc >= CAPACITY ||
            wc >= (core ?corePoolSize : maximumPoolSize))
            return false;
        //CAS 增加工作线程个数,保证同时只能有一个线程成功。CAS 失败,则重试
        if (compareAndIncrementWorkerCount(c))
            break retry;                      //CAS 成功,跳出外层循环
        //如果 CAS 失败,查看线程池状态是否变化,如果已经变化,跳转到外层循环重新获取
线程池状态后重试,否则只需在内层循环重试 CAS 操作即可
        c =ctl.get();                         //再次获取 ctl 的值
        if (runStateOf(c) != rs) //如果不相等,说明线程的状态发生了变化,需重新判断
线程池状态
            continue retry;
        //else CAS failed due toworkerCount change; retry inner loop
    }
}

//上面这段代码主要是对 Worker 数量做原子+1 操作,下面的逻辑才是正式构建一个 Worker
//线程运行到这里,说明 CAS 增加工作线程个数成功
booleanworkerStarted = false;                //工作线程是否启动的标识
booleanworkerAdded = false;                  //工作线程是否已经添加成功的标识
Worker w = null;
try {//创建 worker
    w = new Worker(firstTask);//构建一个 Worker,这个 Worker 是什么呢?可以看到构
造方法里面传入了一个 Runnable 对象
    final Thread t = w.thread;               //从 Worker 对象中取出线程
    if (t != null) {
        finalReentrantLock mainLock = this.mainLock;
        mainLock.lock(); //独占锁加锁,避免并发问题。可能同时有多个线程调用了 execute
方法
        try {
            //Recheck while holding lock
            //Back out onThreadFactory failure or if
            //shut down before lock acquired
            //获取锁成功后,重新检查线程池状态。有可能在获取锁前调用了 shutdown 关闭线
程池
            int rs =runStateOf(ctl.get());
            //只有两种情况才能添加工作线程到 Worker
            //1. 当前线程池是正在运行状态
            //2. SHUTDOWN 且 firstTask 为空
            if (rs < SHUTDOWN ||
                (rs == SHUTDOWN &&firstTask == null)) {
                if (t.isAlive()) //线程提交到线程池之前,执行了 start 方法,说明此线
程已经独立运行
```

```
                    throw new IllegalThreadStateException();
            workers.add(w);            //将新创建的 Worker 添加到 Workers 集合中
            int s = workers.size();
            //如果集合中的工作线程数大于最大线程数,这个最大线程数表示线程池曾
经出现过的最大线程数
                if (s >largestPoolSize)
                    largestPoolSize = s;    //更新线程池出现过的最大线程数
                workerAdded = true;        //表示工作线程创建成功了
            }
        } finally {
            mainLock.unlock();            //释放锁
        }
        //如果 Worker 添加成功,启动线程
        if (workerAdded) {
            t.start();
            workerStarted = true;
        }
    }
} finally {
    //如果 Worker 添加失败,递减实际工作线程数
    if (!workerStarted)
        addWorkerFailed(w);
}
returnworkerStarted;                    //返回结果
}
```

1. Worker 类说明

addWorker 方法只是构造了一个 Worker，并且把 firstTask 封装到 Worker 中。

每个 Worker 都是一条线程，包含了一个 firstTask 初始化时要被首先执行的任务。最终执行任务的是 runWorker( )方法。

Worker 类继承了 AQS，并实现了 Runnable 接口。

firstTask 字段用来保存传入的任务；

thread 字段，是在调用构造方法时通过 ThreadFactory 来创建的线程，是用来处理任务的线程。

在调用构造方法时，需要传入任务，这里通过 getThreadFactory( ). newThread(this)来新建一个线程，newThread 方法传入的参数是 this，因为 Worker 本身继承了 Runnable 接口，也就是一个线程，所以一个 Worker 对象在启动的时候会调用 Worker 类中的 run 方法。

Worker 继承了 AQS，使用 AQS 来实现独占锁的功能。可以看到 tryAcquire 方法是不允许重入的。

lock 方法一旦获取了独占锁，表示当前线程正在执行任务中；它有以下几个作用。

如果正在执行任务，则不应该中断线程。

如果该线程现在不是独占锁的状态，也就是空闲的状态，说明它没有在处理任务，这

时可以对该线程进行中断。

线程池在执行 shutdown 方法或 tryTerminate 方法时会调用 interruptIdleWorkers 方法来中断空闲的线程，interruptIdleWorkers 方法会使用 tryLock 方法来判断线程池中的线程是否是空闲状态。之所以设置为不可重入，是因为我们不希望任务在调用像 setCorePoolSize 这样的线程池控制方法时重新获取锁，这样会中断正在运行的线程。

2. runWorker 方法

ThreadPoolExecutor 的核心方法 addWorker，主要作用是创建工作线程。Worker 可以理解为就是一个线程，里面重新定义了 run 方法，执行线程池中的任务。

真正处理逻辑是 runWorker 方法，该方法主要做以下几件事。

1）如果 task 不为空，则开始执行 task。

2）如果 task 为空，则通过 getTask（）再去取任务，并赋值给 task，如果取到的 Runnable 不为空，则执行该任务。

3）执行完毕后，通过 while 循环继续 getTask（）取任务。

4）如果 getTask（）取到的任务依然是空，那么整个 runWorker（）方法执行完毕。

```java
public V put(K key, V value) {
    return putVal(key, value, false);
}
final voidrunWorker(Worker w) {
    Thread wt = Thread.currentThread();
    Runnable task = w.firstTask;
    w.firstTask = null;
    w.unlock(); //allow interrupts
    booleancompletedAbruptly = true;
    try {
        while (task != null || (task =getTask()) != null) {
            w.lock();
            //If pool is stopping, ensure thread is interrupted;
            //if not, ensure thread is not interrupted.  This
            //requires a recheck in second case to deal with
            //shutdownNow race while clearing interrupt
            if ((runStateAtLeast(ctl.get(), STOP) ||
                (Thread.interrupted() &&
                runStateAtLeast(ctl.get(), STOP))) &&
                !wt.isInterrupted())
                wt.interrupt();
            try {
                beforeExecute(wt, task);
                Throwable thrown = null;
                try {
                    task.run();
```

```
            } catch (RuntimeException x) {
                thrown = x; throw x;
            } catch (Error x) {
                thrown = x; throw x;
            } catch (Throwable x) {
                thrown = x; throw new Error(x);
            } finally {
                afterExecute(task, thrown);
            }
        } finally {
            task = null;
            w.completedTasks++;
            w.unlock();
        }
    }
    completedAbruptly = false;
} finally {
    processWorkerExit(w, completedAbruptly);
}
}
```

7.5.3　关闭线程池

ThreadPoolExecutor 提供了两种方法关闭线程池，分别是 shutdown( ) 和 shutdownNow( )。这两种方法的区别主要在于是否会将已经添加到任务队列中的任务继续执行完毕。

1. shutdown( )

调用 shutdown 方法后，线程池就不再接受新的任务，但是工作队列中已存在任务还是会执行。调用该方法会立刻将线程池状态切换到 SHUTDOWN 状态，并不会等待队列任务完成再切换。并且调用 interruptIdleWorkers 方法中断所有空闲的工作线程，最后调用 tryTerminate 尝试结束线程池。

```
public void shutdown() {
    finalReentrantLock mainLock = this.mainLock;
    mainLock.lock();            //加锁
    try {
        checkShutdownAccess();
        //设置当前线程池状态为 SHUTDOWN
        advanceRunState(SHUTDOWN);
        interruptIdleWorkers();
        onShutdown();
    } finally {
```

```
        mainLock.unlock();        //解锁
    }
    //尝试将状态改为 TERMINATED
    tryTerminate();
}
```

2. shutdownNow

调用 shutdownNow 方法会立即终止线程池，并清空任务队列，并且尝试中断正在执行的任务，返回尚未执行的任务。

```
public List<Runnable>shutdownNow() {
    List<Runnable> tasks;
    finalReentrantLock mainLock = this.mainLock;
    mainLock.lock();            //加锁
    try {
        checkShutdownAccess();
        //设置当前线程池状态为 STOP
        advanceRunState(STOP);
        interruptWorkers();
        tasks =drainQueue();
    } finally {
        mainLock.unlock();      //解锁
    }
    //尝试将状态改为 TERMINATED
    tryTerminate();
    //返回尚未执行的任务
    return tasks;
}
```

7.6 本章小结

线程池通过线程的复用减少了系统中线程的创建和销毁的开销，并且可以根据需要控制线程的数量，通过合理的控制线程数，可以防止线程数过多导致服务崩溃。

附录

红黑树

二叉搜索树对于某个节点而言，其左子树的节点关键值都小于该节点关键值，右子树的所有节点关键值都大于该节点关键值。二叉搜索树作为一种数据结构，其查找、插入和删除操作的时间复杂度都为 O(logn)，底数为 2。但是这个时间复杂度是在平衡的二叉搜索树上体现的，也就是如果插入的数据是随机的，则效率很高，但是如果插入的数据是有序的，比如将从小到大的顺序[10,20,30,40,50]插入到二叉搜索树中：

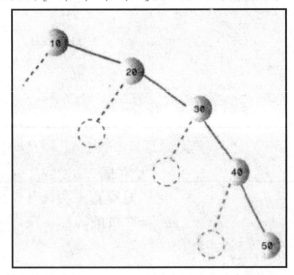

从大到小就是全部在某节点的左边，这和链表没有任何区别了，这种情况下查找的时间复杂度为 O(N)，而不是 O(logN)。当然这是在最不平衡的条件下，实际情况下，二叉搜索树的效率应该在 O(N) 和 O(logN) 之间，这取决于树的不平衡程度。

那么为了能够以较快的时间 O(logN) 来搜索一棵树，需要保证树总是平衡的（或者大部分是平衡的），也就是说每个节点的左子树节点个数和右子树节点个数尽量相等。红黑树的就是这样的一棵平衡树，对一个要插入或删除的数据项，插入/删除例程要检查会不会破坏树的特征，如果破坏了，程序就会进行纠正，根据需要改变树的结构，从而保持树的平衡。

红黑树有如下两个特征：

1）节点都有颜色；

2）在插入和删除的过程中，要遵循保持这些颜色的不同排列规则。

第一个特征很好理解，在红黑树中，每个节点的颜色或者是黑色或者是红色的。当然也可以是任意其他两种颜色，这里的颜色用于标记，在节点类 Node 中增加一个 boolean 型变量 isRed，以此来表示颜色的信息。

第二点特征即在插入或者删除一个节点时，必须要遵守的规则称为红黑规则：

① 每个节点不是红色就是黑色的；

② 根节点总是黑色的；

③ 如果节点是红色的，则它的子节点必须是黑色的（反之不一定，也就是从每个叶子到根的所有路径上不能有两个连续的红色节点）；

④ 从根节点到叶节点或空子节点的每条路径，必须包含相同数目的黑色节点（即相同的黑色高度）。

从根节点到叶节点的路径上的黑色节点的数目称为黑色高度，规则 4 另一种表示就是从根到叶节点路径上的黑色高度必须相同。

注意：

新插入的节点颜色总是红色的，这是因为插入一个红色节点比插入一个黑色节点违背红黑规则的可能性更小，原因是插入黑色节点总会改变黑色高度（违背规则④），但是插入红色节点只有一半的机会会违背规则③（因为父节点是黑色的没事，父节点是红色的就违背规则③）。另外违背规则③比违背规则④要更容易修正。当插入一个新的节点时，可能会破坏这种平衡性，那么红黑树是如何修正的呢？

红–黑树主要通过三种方式对平衡进行修正，改变节点颜色、左旋和右旋。

1. 改变节点颜色

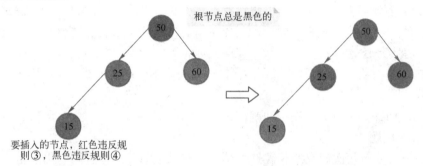

根节点总是黑色的

要插入的节点，红色违反规则③，黑色违反规则④

新插入的节点为 15，一般新插入颜色都为红色，那么可以发现直接插入会违反规则③，改为黑色却发现违反规则④。这时候将其父节点颜色改为黑色，父节点的兄弟节点颜色也改为黑色。通常其祖父节点 50 颜色会由黑色变为红色，但是由于 50 是根节点，所以这里不能改变根节点颜色。

2. 右旋

首先要说明的是节点本身是不会旋转的，旋转改变的是节点之间的关系，选择一个节点作为旋转的顶端，如果进行一次右旋，这个顶端节点会向下和向右移动到它右子节点的位置，它的左子节点会上移到它原来的位置。右旋的顶端节点必须要有左子节点。

3. 左旋

左旋的顶端节点必须要有右子节点。

基础工具类：Unsafe 类

Java 不能像 C/C++一样直接操作内存区域，需要通过本地方法的方式来操作内存区域。JDK 可以通过一个"后门"——Unsafe 类，执行底层硬件级别的 CAS 原子操作，线程阻塞和唤醒等。

Unsafe 的位于是 sun. misc 包下，Unsafe 类中的方法几乎全部都是 native 方法，它们使用 JNI 的方式调用本地的 C++类库。

1. CAS 操作

CAS 是一种实现并发算法时常用的技术，自旋锁和乐观锁的实现都用到了 CAS 算法。JUC 并发包的绝大多数工具类，如原子类 AtomicInteger 和重入锁 ReentrantLock，它们的源码实现中都有 CAS 的身影。

CAS 是 Compare And Swap 的简称，即比较再替换。它是计算机处理器提供的一个原子指令，保证了比较和替换两个操作的原子性。CAS 操作涉及三个操作数：CAS(V,E,N)。

1）V：要读写的内存地址；

2）E：进行比较的值 E（预期值）；

3）N：拟写入的新值。

CAS 操作含义：当且仅当内存地址 V 中的值等于预期值 E 时，将内存 V 中的值改为 A，否则不操作。注意：CAS(V,E,N)是一个伪函数，这么写是为了让读者理解 CAS 的含义。

或许读者可能会有这样的疑问，假设存在多个线程执行 CAS 操作并且 CAS 的步骤很多，有没有可能在判断 V 和 E 相同后，正要赋值时，切换了线程，更改了值。造成了数据不一致呢？答案是否定的。

因为 CAS 是一条 CPU 的原子指令，在执行过程中不允许被中断，所以不会造成所谓的数据不一致问题。

使用 CAS 时需要注意如下三个问题：

（1）ABA 问题

如果一个变量 V 初次读取的时候是 A 值，那在赋值的时候检查到它仍然是 A 值，是否就能说明它的值没有被其他线程修改过了吗？很明显是不能的，因为在这段时间它的值可能被改为其他值，然后又改回 A，那 CAS 操作就会误认为它从来没有被修改过。这个问题被称为 CAS 操作的"ABA"问题。

ABA 问题的产生是因为变量值产生了"环形"更改，即一个变量的值从 A 改为 B，随后又从 B 改回 A。如果变量的值只能朝一个方向转换，就不会构成"环形"，比如使用版本号或者时间戳机制，版本号机制是每次更改版本号变量时将版本号递增加 1，这样就不会存在这个问题了。JDK 中的 AtomicStampedReference 类使用的就是时间戳机制，它给每个变量都配备了一个时间戳，来避免 ABA 问题的产生。

（2）循环时间长开销大

自旋 CAS（也就是更新不成功就一直循环执行直到成功）如果长时间不成功，会给 CPU 带来非常大的执行开销。遇到这种情况，就需要对 CAS 操作限制重试上限，如果重试次数达到最大值，可以通过直接退出或者采用其他方式来替代 CAS。比如 synchronized 同步锁，轻量级锁通过 CAS 自旋等待锁释放，在线程竞争激烈的情况下，自旋次数达到一定数量时，synchronized 内部会升级为重量级锁。

（3）只能保证一个共享变量的原子操作

CAS 操作只对单个共享变量有效，当操作跨多个共享变量时 CAS 无效。

2. Unsafe 重要方法

Unsafe 提供了很多与底层相关的操作，主要关注与 CAS 和线程调度相关的方法。

（1）获取内存地址

```
longobjectFieldOffset(Field field)
```

获取指定类中指定字段（field）的内存偏移地址。

Unsafe 可以通过类的实例和变量的偏移地址，可以通过该偏移地址直接读写实例对象中该变量的值，一般用于 CAS 方法中。

比如在 AtomicLong 类中，使用该方法获取字段 value 在 AtomicLong 对象中的内存偏移地址，代码如下所示。

```
private volatile long value;
static {
    try {
        valueOffset = unsafe.objectFieldOffset
            (AtomicLong.class.getDeclaredField("value"));
    } catch (Exception ex) { throw new Error(ex); }
}
```

（2）CAS 操作

可以通过 compareAndSwapXXX 方法实现 CAS 操作，比如 compareAndSwapLong 是 Long 类型的 CAS 操作。

```
booleancompareAndSwapLong(Object obj, long offset,long expected,long update)
```

这个方法有四个参数：

1）obj：需要更新的对象 obj。

2）offset：对象 obj 中需要更新的变量的内存偏移量。

3）expected：预期值。

4）update：拟更新的值。

当且仅当对象 obj 中内存偏移量为 offset 的 field 的值等于预期值 expected 时，将变量的值替换为 update。替换成功，返回 true，否则返回 false。

（3）读写对象字段的值

1）getLongVolatile(Object obj, long offset)。获取对象 obj 中内存偏移地址为 offset 的 field 对应值。支持 volatile 读内存语义，获取的是变量在内存中的最新值。

2）putLongVolatile(Object obj, long offset, long value)。设置对象 obj 中内存偏移地址 offset t 对应的 long 型 field 的值为 value。支持 volatile 写内存语义，保证更新对所有线程立即可见。

3）putOrderedLong(Object obj, long offset, long value)。设置对象 obj 中内存偏移地址 offset 对应的 long 型 field 的值为 value。这是一个有延迟的 putLongVolatile 方法，并且不保证变量值的修改对其他线程立即可见。这个方法只有在 volatile 型变量期望被意外修改的时候使用才有用。

4）putObject(Object obj, long offset, Object value)。设置对象 obj 中内存偏移地址 offset

对应的 object 型 field 的值为 value。

> getAndAddLong(Object obj, long offset, long delta)

这个方法将一个对象中内存偏移量对应的字段增加指定的值。这个方法有三个参数：

1）Object o：需要更新的对象 o。

2）long offset：对象 o 中需要更新字段的内存偏移量。

3）int delta：增加的值。

先获取对象 o 偏移地址 offset 的值，然后调用 compareAndSwapLong 方法尝试更新对应偏移量地址的值，如果成功就退出，否则就再次尝试直到成功为止。

AtomicLong 中的其他方法都很类似，最终都会调用到 compareAndSwapLong( ) 来保证 value 值更新的原子性。

```
public final longgetAndAddLong(Object o, long offset, long delta) {
    long v;
    //执行CAS操作,若CAS操作不成功,自动重试
    do {
        //获取对象 o 中偏移地址 offset 的值
        v =getLongVolatile(o, offset);
    //CAS更新对象 o 中偏移地址 offset 的值为 v + delta.
    } while (!compareAndSwapLong(o, offset, v, v + delta));
    return v;
}
```

（4）线程调度

void park（booleanisAbsolute，long time）：阻塞当前线程。

参数说明：

isAbsolute：阻塞时间 time 是否是绝对时间。

time：阻塞时间。

如果 isAbsolute＝false 且 time＝0，表示一直阻塞。

如果 isAbsolute＝false 且 time＞0，表示等待指定时间后线程会被唤醒。time 为相对时间，即当前线程在等待 time 毫秒后会被唤醒。

如果 isAbsolute＝true 且 time＞0，表示到达指定时间线程会被唤醒。time 是绝对时间，是某一个时间点是换算成相对于新纪元之后的毫秒值。

线程调用 park 方法阻塞后被唤醒时机有：

1）其他线程以当前线程作为参数调用了 unpark 方法，当前线程被唤醒。

2）当 time＞0 时，当设置的 time 时间到了，线程会被唤醒。

3）其他线程调用了当前线程的 interrupt 方法中断了当前线程，当前线程被唤醒。

voidunpark（Object thread）这个方法的作用是唤醒调用 park 后被阻塞的线程，参数 thread 为需要唤醒的线程。

事实上，park 和 unpark 方法会对每个线程维持一个许可（boolean 值）。

unpark 调用时，如果当前线程还未进入 park 方法，则许可为 true。

unpark 函数可以先于 park 调用（但最好不要这样做）。比如线程 B 调用 unpark 函数，

给线程 A 发了一个"许可"，那么当线程 A 调用 park 时，它发现已经有"许可"了，那么它会马上再继续运行。

park 调用时，判断许可是否为 true，如果是 true，则继续往下执行；如果是 false，则等待，直到许可为 true。

"许可"是 boolean 值，不能叠加，是"一次性"的。

比如线程 B 连续调用了三次 unpark 函数（许可=rue），当线程 A 调用 park 函数就使用掉这个"许可"（许可=false）。如果线程 A 再次调用 park，则进入阻塞等待状态。

基础工具类：LockSupport 类

LockSupport 类是 Java 1.6 引入的一个工具类，所有的方法都是静态方法。它主要提供了可以使线程阻塞和唤醒的方法，它是 JUC 中锁和其他并发类实现的基础。LockSupport 核心方法都是基于 Unsafe 类里的 park 和 unpark 两个方法实现的。

以下介绍 LockSupport 几种主要方法。

1. park 方法

（1）park( )方法

静态方法，线程调用 LockSupport. park( )会被立即阻塞挂起。

```
public static void park() {
    UNSAFE.park(false, 0L);
}
```

（2）parkUntil(long deadline)

静态方法，线程调用该方法会被立即阻塞挂起，到达指定时间 deadline 线程会被唤醒。deadline 是某一个时间点换算成相对于新纪元之后的毫秒值。

```
public static voidparkUntil(long deadline) {
    UNSAFE.park(true, deadline);
}
```

（3）parkNanos(long nanos)

静态方法，线程调用 LockSupport. parkNanos(nanos)会被立即阻塞挂起，等待指定 nanos 纳秒后线程会被唤醒。

```
public static voidparkNanos(long nanos) {
    if (nanos > 0)
    UNSAFE.park(false,nanos);
}
```

（4）park(Object blocker)

静态方法，线程调用该方法会被立即阻塞挂起，并设置当前线程的 parkBlocker 字段为 blocker 对象，这个 blocker 对象会被记录到阻塞的线程内部。

使用 Java 诊断工具 jstack 可以观察线程被阻塞的原因，jstack 是通过调用 getBlocker（Thread）方法来获取线程的 blocker 对象的，所以 JDK 推荐使用带有 blocker 参数的 park 方法，这样当内存 dump 排查问题时候就能知道是哪个类被阻塞了。

```java
public static void park(Object blocker) {
//获取当前线程
Thread t = Thread.currentThread();
//设置当前线程的 parkBlocker 字段为 blocker
setBlocker(t, blocker);
//阻塞当前线程
UNSAFE.park(false, 0L);
//线程被唤醒后,需要设置 parkBlocker 为 null 避免下次调用其他 park 方法时,parkBlocker
仍为此次设置的 blocker.
setBlocker(t, null);
}


//设置线程 t 的 parkBlocker 字段为对象 arg
private static void setBlocker(Thread t, Object arg) {
    UNSAFE.putObject(t, parkBlockerOffset, arg);
}
```

查看源码可以看到该方法调用了两次 setBlocker 函数，一次是在 UNSAFE. park 前，一次是在 UNSAFE. park 后。

在 UNSAFE. park 前调用 setBlocker(t, blocker) 作用是设置当前线程的 parkBlocker 字段为 blocker，这样当使用 jstack 工具查看线程信息时，可以明确地看到线程被阻塞的原因。随后执行 UNSAFE. park 将当前线程阻塞挂起，线程被阻塞在 UNSAFE. park 方法处，停止运行。当前线程被其他线程唤醒后，会从 UNSAFE. park 处返回并继续运行，这时会运行 setBlocker(t, null)，将当前线程的 parkBlocker 字段设置为 null。那如果不这样做，会有什么问题呢？如果不这样做，之后线程只要调用不含有 blocker 参数的 LockSupport. park 时，线程中存储的还是前一次阻塞时的 blocker 对象，这显然是不符合实际情况的。所以，该线程被唤醒后需要将 parkBlocker 字段恢复为 null。

2. unpark 方法

线程调用 LockSupport. unpark(thread)，会将阻塞的线程 thread 唤醒。

```java
public static void unpark(Thread thread) {
if (thread != null)
UNSAFE.unpark(thread);
}
```